核科学技术趣谈

INTERESTING TALKS ON NUCLEAR SCIENCE & TECHNOIOGY

罗上庚　花　榕◎编著

LUO SHANGGENG

HUA RONG

北京理工大学出版社

BEIJING INSTITUTE OF TECHNOLOGY PRESS

内 容 简 介

本书图文并茂、深入浅出，引人入胜地讲述关于核科学技术的故事，带领读者了解奇异的原子结构、核衰变、核裂变、核聚变、核嬗变，以及反物质与暗物质等新概念、新知识；了解威力无比的核武器、第三代和第四代核武器与新概念武器，让读者了解并重视核威慑力的作用；坚定核能高效、安全、低碳、清洁的信念；了解“华龙一号”、高温气冷堆、快中子增殖堆、核能供暖、供热、制氢、炼钢、海水淡化，以及人造小太阳等研发喜讯；更多了解核辐射和核技术的奇能妙用；了解核燃料循环生命周期的全过程已为科技工作者驾驭；了解核辐射的防护安全可靠，核电站周围增加的辐照剂量不到天然辐照本底剂量的1%；了解诺贝尔自然科学奖的特点和获奖的启示，知晓获奖与主观和客观因素有关，关键在于青年时代。

本书适合爱好和关心核科学技术的人员阅读，可以提高读者对核科学技术新发展的了解，特别适合青少年朋友了解核科学技术发展的光辉前景。

图书在版编目(CIP)数据

核科学技术趣谈 / 罗上庚,花榕编著. -- 北京 : 北京理工大学出版社，2025. 1.

ISBN 978-7-5763-4625-1

Ⅰ. TL

中国国家版本馆 CIP 数据核字第 20250PS334 号

责任编辑： 李慧智　　**文案编辑：** 李慧智
责任校对： 王雅静　　**责任印制：** 李志强

出版发行 / 北京理工大学出版社有限责任公司
社　　址 / 北京市丰台区四合庄路 6 号
邮　　编 / 100070
电　　话 / (010) 68944439 (学术售后服务热线)
网　　址 / http：//www. bitpress. com. cn

版 印 次 / 2025 年 1 月第 1 版第 1 次印刷
印　　刷 / 保定市中画美凯印刷有限公司
开　　本 / 787 mm × 1092 mm　1/16
印　　张 / 10
字　　数 / 141 千字
定　　价 / 88. 00 元

PREFACE | 序

1896年，法国物理学家贝克勒尔发现了铀的天然放射性，标志着原子核物理学的开端，接着居里夫妇在1898年发现了放射性元素钋，在1902年发现了镭，为核科学发展开辟了道路。在将近130年的激流涌动中，核科学技术得到了蓬勃发展，为人类带来深刻的影响，引起了公众的广泛关注。

在核科学发展过程中，一直伴随着核科学技术的广泛应用，并涉及工业、农业、医学和军事等领域。为了让公众了解核科学技术应用的现状，本书应运而生。本书以讲故事的形式，图文并茂、深入浅出地介绍了核科学技术的发展。全书共分为七章，第一章为“奇异的原子结构”，介绍了元素周期律、核衰变、核裂变、核聚变、核嬗变，以及反物质和暗物质的知识；第二章为“威力无比的核武器”，介绍了原子弹、氢弹、中子弹、核钻地弹、核航母和核潜艇等；第三章为“高效低碳的核能”，介绍了核能在双碳目标中的作用和其他多种用途，以及我国核能发展的现状；第四章为“核技术应用遍天下”，介绍了辐射在工业、农业和医疗方面的应用；第五章为“核燃料循环的驾驭”，介绍了铀燃料的获得方法和乏燃料的处理，以及核废物的处置等；第六章为“安全可靠的辐射防护”，介绍了辐射照射和检测手段，以及安全规章制度和措施；第七章为“核科学技术与诺贝尔自然科学奖”，介绍了诺贝尔奖的由来，以及几位知名的诺贝尔自然科学奖得主；附录部分介绍了核科学技术大事和核领域“两弹一星”元勋的简要事迹。

本书是一本关于核科学技术的优秀科普读物，适合爱好和关心核科学的相关技术人员阅读，从而提高对核科学技术的了解和兴趣，特别有益于促进青少年对核科学的求知欲望。也希望读者通过阅读本书能对核能和核科学技术的应用有更多了解。

中国科学院院士

張焕乔

2024.6.7

CONTENTS 目录

INTRODUCTION | 绪言

自1895年伦琴发现X射线，1896年贝克勒尔发现天然放射现象，1898年居里夫妇发现放射性元素钋及1902年发现放射性元素镭，不到130年时间，核科学技术从军工到民用，发展突飞猛进。1954年苏联建成奥布宁斯克核电站，揭开了和平利用原子能的序幕。核能的开发和核科学技术的利用，为人类创造了大量福祉。核科学技术受世人青睐。

核科学技术是关系国家和民族利益的战略高新技术。在科学技术迅猛发展、国际风云变幻复杂的形势下，核科学技术发展迎来了新的机遇和新挑战。在庆祝我国第一颗原子弹成功爆炸60周年之际，以及庆贺我国核工业建立70周年的前夕，编写出版此书，希望让读者看到核科学技术的绚丽发展光芒，看到核科学技术在我国流光溢彩的发展。

本书以讲故事的形式，图文并茂、深入浅出地介绍了核科学技术的一些基本原理，包括爱因斯坦的质能转换、门捷列夫的元素周期律以及核科学技术的一些重要工艺，如以地浸、堆浸和原地爆破浸出为主的新型铀矿采冶技术体系，乏燃料后处理普雷克斯工艺流程。此外，还介绍了核科学技术的一些重要法规标准，如辐射防护最优化和废物最小化等。

本书第一章为“奇异的原子结构”，介绍了元素和元素周期律，原子和原子核，天然放射性和人工放射性，放射性同位素，核衰变、核裂变、核聚变和核嬗变，反物质与暗物质等。本章展示了核科学技术的发展，极大地提高了人们认识世界和改造世界的能力。

第二章为“威力无比的核武器”，介绍了原子弹、氢弹、中子弹和核钴地弹的构造、特性和威力，海上巨无霸核航母和隐蔽杀手核潜艇，第三代和第四代核武器与新概念武器，以及核武器的各种研发试验活动。本章使读者了解核威慑战略是核大国军事战略的基石，在当今美、英、日等国不停兴风作浪危害世界和平的形势下，必须以其人之道还治其人之身，壮大我国的核威慑力量。

第三章为“高效低碳的核能”。我国核电水平已跻身于世界前列，运行中的核电机组数量位居世界第二（与法国并列），在建的核电机组数量位居世界第一。本章介绍了第三代和第四代核电站，包括已在国内外开花结果的“华龙一号”核电站、石岛湾商用高温气冷堆、福建霞浦快中子增殖堆和海南“玲龙一号”商用模块化小型堆的建设；核能供暖、供热已在辽宁红沿河、浙江秦山、山东海阳和江苏田湾等核电站实现；核能制氢、炼钢、海水淡化等为“双碳”目标与环境保护做出的贡献；将为宇宙空间站、人造卫星、航母等提供动力和电源的空间堆和水上核电站的研发。此外，本章还介绍了受控核聚变的研发。西南物理研究院的中国环流器HL−2M装置取得等离子体电流突破100万A的好成绩；合肥等离子体所的超环托卡马克装置，其等离子体电流维持1056 s的好成绩。

第四章为“核技术应用遍天下”，介绍了辐射的产生，辐射在工业、农业和医疗中等方面的应用。阐述了利用α、β、γ射线和中子进行辐射探伤、测厚度、测质量、测料位、测密度等的原理，以及将辐射转变成热能、光能、电能，做成热源、光源、电源利用的机理。本章还介绍了中子掺杂、中子照相、中子治癌、太空育种、消除病虫害、辐照灭菌、介入治疗等。

第五章为“核燃料循环的驾驭”，介绍了从铀矿勘探开采、铀−235的富集、燃料元件制造，到乏燃料后处理、放射性废物的处理和处置，涵盖了核燃料循环生命周期的全过程。阐述目前铀矿采冶以地浸、堆浸和原地爆破浸出为主的新型技术体系；铀−235的富集已从离心法为主向激光法推进，反应堆燃料元件破损率已降到百万分之一，放射性废物的处理重视废物最小化，向着减量化、无害化、资源化方向迈进；国内高放废物深地质处置地下实验室正在建设。

第六章为“安全可靠的辐射防护”，介绍了天然辐射和人为辐射，内照射和外照射。辐射无处不在；辐射危害作用的大小与受照射的剂量密切有关，一次受照剂量大于6000mSv会使人死亡；国际原子能机构和我国已制定了许多辐射防护法规；辐射防护要求保护现代人和后代人的健康，保护生态环境，不给后代带来不适当负担；辐射监测有灵敏、快速的手段；由于严格的辐射防护控制和生态环境保护，核电站周围增加的辐照剂量很少，公众增加的受照剂量不到天然辐照本底剂量的1%。

第七章为"核科学技术与诺贝尔自然科学奖"。介绍了诺贝尔奖的由来，诺贝尔自然科学奖的评选和颁奖，诺贝尔自然科学奖的特点和奖获的启示。本书介绍了几位诺贝尔自然科学奖得主，有些是罕见的资料。本书阐述了诺贝尔自然科学奖包括物理学奖、化学奖、生理学或医学奖，是世界自然科学方面最有权威、最有影响的世界级科学大奖，奖励原创性、奠基性、推动世界科技进步和社会发展的成就；阐述了诺贝尔自然科学奖获奖者成功的原因有主观和客观因素，统计研究分析表明诺贝尔自然学科奖得主的成果大多在青年时期取得，这对我们青年颇有教益。本书还介绍了屠呦呦——中国本土第一位诺贝尔科学奖得主。

本书的附录部分介绍了核科学技术大事记和核领域"两弹一星"元勋的简要事迹。

本书适合爱好和关心核科学技术的人员阅读，有助于增进对核科学技术新发展的了解；特别适合广大青少年朋友阅读，有助于青少年朋友了解核科学技术发展的光辉前景，激发对核科学技术的热爱。

本书在编写和出版过程中得到了很多领导、专家、老师和朋友的热情帮助，得到了东华理工大学的大力支持；同时，北京理工大学出版社的同志也付出了辛勤劳动，在此一并对他们表示衷心的感谢。

本书讲述核科学技术故事，内容涉及面很广，由于作者知识有限，一定存在不足之处，恳请读者提出宝贵意见。

罗上庚 花 榕

第一章

奇异的原子结构

我们生活在绚丽无比的大千世界中，所看到的一切，都由物质组成。从大自然的树木、花草、鸟兽到平原、高山、大海，从我们生活的地球到茫茫宇宙中的太阳、月球和火星，都是物质。这些形形色色的物质，都是由分子构成的，而分子是由更小的粒子——原子构成的。科学家们经过不断探索研究，现在认为物质结构分为5个层次：分子→原子→原子核→核子→夸克。目前已经发现了300多种基本粒子。许多更深的奥秘还在探索中，例如，夸克是否可分？化学家多认为不可再分，而物理学家和哲学家则认为是可再分的。再如，宇宙中存在反物质和暗物质，反物质和暗物质到底是什么样？许多奥秘都在探索研究中。

一、元素与周期律

1. 元素

元素是具有相同质子数和电子数的同一类原子的统称。例如：氢的3种核素（氕、氘、氚）都属于氢元素。铀的^{234}U、^{235}U、^{238}U等26种核素都属于铀元素。

2. 元素周期律

1869年俄国化学家门捷列夫（Dmitri Mendeleev）总结出自然界里元素的物理化学性质会随着原子序数的递增而呈周期性变化的规律，并编制了世界上第一张元素周期表。

门捷列夫在编制元素周期表时，只知道63种元素，随着科学技术的发展，迄今已发现118种元素，随着元素周期表的不断补充革新，已经修改了一百多个版本。图1.1所示的元素周期表把元素分列在7个周期、18个族中。每一行是一个周期，每一列是一个族。一般来说，在同一个周期中（除18族元素外），从左到右，原子的电子层数相同，最外层电子数逐渐增大，原子半径逐渐减小。在同一族中从上到下，电子层数逐渐增大，原子半径逐渐增大，最外层电子数相同。元素在元素周期表中的位置，不仅反映了元素的原子结构，也反映了元素性质的递变规律和元素之间的内在联系。元素周期表科学性强，作用意义大，人们不仅可用其判断元素和化合物的性质，还可用其寻找新的元素及化合物。科学家在实验室里用加速器或反应堆，发现并制造出了许多新元素和新核素。我国科学家已发现并制造数十种新核素，包括钕-125、钷-128、钐-129、钆-137、镝-139、铽-139、铂-202、汞-208、铪-185、钍-207、锕-204、铀-214、超重元素Db-259等。

元素周期表将相似性质的元素归在一起，如碱金属元素、碱土金属元素、过渡金属元素、贵金属元素、卤族元素、惰性气体元素等。下面介绍镧系元素、锕系元素和超铀元素。

镧系元素是指元素周期表中第57～第71号共15个元素，它们有相似的原子结构和化学性质。镧系元素又称稀土元素，稀土元素可分为两组，即轻稀土元素和重稀土元素。我国稀土矿储量大，分布广，矿种齐全，南方以产重稀土元素为主，内蒙古以产轻稀土元素为主。稀土元素生产工艺分离纯化十分困难，影响产量和应用。北京大学徐光宪教授（中国科学院院士）解决了这一瓶颈问题，使我国实现了从稀土资源大国到稀土元素生产、出口、应用大国的飞跃，荣获国家最高科学技术奖。稀土元素是化学工业中宝贵的催化剂，在钢铁中加入少量稀土元素，可大幅度改善钢铁性能，称为钢铁工业的“维生素”。在农业中稀土元素可增加产量和提高农作物抗病能力，称为“超级钙”。稀土元素用途广泛，非常宝贵，在航空、航天、原子能、机械制造和国防工业，都是不可或缺的原材料。

锕系元素是指元素周期表中第89～第103号共15个元素，和镧系元素一样，

注：相对原子质量取自2016国际原子量表，并取4位有效数字。

周期	族 IA$_1$	IIA$_2$	IIIB$_3$	IVB$_4$	VB$_5$	VIB$_6$	VIIB$_7$	8	VIIIB$_9$	10	IB$_{11}$	IIB$_{12}$	IIIA$_{13}$	IVA$_{14}$	VA$_{15}$	VIA$_{16}$	VIIA$_{17}$	0$_{18}$	电子层	0族电子数
1	1 H qīng 氢 $1s^1$ 1.008 Hydrogen																	2 He hài 氦 $1s^2$ 4.003 Helium	K	2
2	3 Li lǐ 锂 $2s^1$ 6.941 Lithium	4 Be pí 铍 $2s^2$ 9.012 Beryllium											5 B péng 硼 $2s^22p^1$ 10.81 Boron	6 C tàn 碳 $2s^22p^2$ 12.01 Carbon	7 N dàn 氮 $2s^22p^3$ 14.01 Nitrogen	8 O yǎng 氧 $2s^22p^4$ 16.00 Oxygen	9 F fú 氟 $2s^22p^5$ 19.00 Fluorine	10 Ne nǎi 氖 $2s^22p^6$ 20.18 Neon	L K	8 2
3	11 Na nà 钠 $3s^1$ 22.99 Sodium	12 Mg měi 镁 $3s^2$ 24.31 Magnesium											13 Al lǚ 铝 $3s^23p^1$ 26.98 Aluminium	14 Si guī 硅 $3s^23p^2$ 28.09 Silicon	15 P lín 磷 $3s^23p^3$ 30.97 Phosphorus	16 S liú 硫 $3s^23p^4$ 32.06 Sulfur	17 Cl lǜ 氯 $3s^23p^5$ 35.45 Chlorine	18 Ar yà 氩 $3s^23p^6$ 39.95 Argon	M L K	8 8 2
4	19 K jiǎ 钾 $4s^1$ 39.10 Potassium	20 Ca gài 钙 $4s^2$ 40.08 Calcium	21 Sc kàng 钪 $3d^14s^2$ 44.96 Scandium	22 Ti tài 钛 $3d^24s^2$ 47.87 Titanium	23 V fán 钒 $3d^34s^2$ 50.94 Vanadium	24 Cr gè 铬 $3d^54s^1$ 52.00 Chromium	25 Mn měng 锰 $3d^54s^2$ 54.94 Manganese	26 Fe tiě 铁 $3d^64s^2$ 55.85 Iron	27 Co gǔ 钴 $3d^74s^2$ 58.93 Cobalt	28 Ni niè 镍 $3d^84s^2$ 58.69 Nickel	29 Cu tóng 铜 $3d^{10}4s^1$ 63.55 Copper	30 Zn xīn 锌 $3d^{10}4s^2$ 65.38 Zinc	31 Ga jiā 镓 $4s^24p^1$ 69.72 Gallium	32 Ge zhě 锗 $4s^24p^2$ 72.63 Germanium	33 As shēn 砷 $4s^24p^3$ 74.92 Arsenic	34 Se xī 硒 $4s^24p^4$ 78.96 Selenium	35 Br xiù 溴 $4s^24p^5$ 79.90 Bromine	36 Kr kè 氪 $4s^24p^6$ 83.80 Krypton	N M L K	8 18 8 2
5	37 Rb rú 铷 $5s^1$ 85.47 Rubidium	38 Sr sī 锶 $5s^2$ 87.62 Strontium	39 Y yǐ 钇 $4d^15s^2$ 88.91 Yttrium	40 Zr gào 锆 $4d^25s^2$ 91.22 Zirconium	41 Nb ní 铌 $4d^45s^1$ 92.91 Niobium	42 Mo mù 钼 $4d^55s^1$ 95.96 Molybdenum	43 Tc dé 锝 $4d^55s^2$ [98] Technetium	44 Ru liǎo 钌 $4d^75s^1$ 101.1 Ruthenium	45 Rh lǎo 铑 $4d^85s^1$ 102.9 Rhodium	46 Pd bǎ 钯 $4d^{10}$ 106.4 Palladium	47 Ag yín 银 $4d^{10}5s^1$ 107.9 Silver	48 Cd gé 镉 $4d^{10}5s^2$ 112.4 Cadmium	49 In yīn 铟 $5s^25p^1$ 114.8 Indium	50 Sn xī 锡 $5s^25p^2$ 118.7 Tin	51 Sb tī 锑 $5s^25p^3$ 121.8 Antimony	52 Te dì 碲 $5s^25p^4$ 127.6 Tellurium	53 I diǎn 碘 $5s^25p^5$ 126.9 Iodine	54 Xe xiān 氙 $5s^25p^6$ 131.3 Xenon	O N M L K	8 18 18 8 2
6	55 Cs sè 铯 $6s^1$ 132.9 Caesium	56 Ba bèi 钡 $6s^2$ 137.3 Barium	57~71 La~Lu Lanthanide	72 Hf hā 铪 $5d^26s^2$ 178.5 Hafnium	73 Ta tǎn 钽 $5d^36s^2$ 180.9 Tantalum	74 W wū 钨 $5d^46s^2$ 183.8 Tungsten	75 Re lái 铼 $5d^56s^2$ 186.2 Rhenium	76 Os é 锇 $5d^66s^2$ 190.2 Osmium	77 Ir yī 铱 $5d^76s^2$ 192.2 Iridium	78 Pt bó 铂 $5d^96s^1$ 195.1 Platinum	79 Au jīn 金 $5d^{10}6s^1$ 197.0 Gold	80 Hg gǒng 汞 $5d^{10}6s^2$ 200.6 Mercury	81 Tl tā 铊 $6s^26p^1$ 204.4 Thallium	82 Pb qiān 铅 $6s^26p^2$ 207.2 Lead	83 Bi bì 铋 $6s^26p^3$ 209.0 Bismuth	84 Po pō 钋 $6s^26p^4$ [209] Polonium	85 At ài 砹 $6s^26p^5$ [210] Astatine	86 Rn dōng 氡 $6s^26p^6$ [222] Radon	P O N M L K	8 18 32 18 8 2
7	87 Fr fāng 钫 $7s^1$ [223] Francium	88 Ra léi 镭 $7s^2$ [226] Radium	89~103 Ac~Lr Actinide	104 Rf lú 𬬻 $6d^27s^2$ [265] Rutherfordium	105 Db dù 𬭊 $6d^37s^2$ [268] Dubnium	106 Sg xǐ 𬭳 $6d^47s^2$ [271] Seaborgium	107 Bh bō 𬭛 $6d^57s^2$ [270] Bohrium	108 Hs hēi 𬭶 $6d^67s^2$ [277] Hassium	109 Mt mài 鿏 $6d^77s^2$ [276] Meitnerium	110 Ds dá 𫟼 $6d^87s^2$ [281] Darmstadtium	111 Rg lún 𬬭 $6d^97s^2$ [280] Roentgenium	112 Cn gē 鿔 $6d^{10}7s^2$ [285] Copernicium	113 Nh nǐ 鿭 $6d^{10}7s^27p^1$ [284] Nihonium	114 Fl fū 𫓧 $7s^27p^2$ [289] Flerovium	115 Mc mò 镆 $7s^27p^3$ [288] Moscovium	116 Lv lì 𫟷 $7s^27p^4$ [293] Livermorium	117 Ts tián 鿬 $7s^27p^5$ [294] Tennessine	118 Og ào 鿫 $7s^27p^6$ [294] Oganesson	Q P O N M L K	8 18 32 32 18 8 2

系															
镧系	57 La lán 镧 $5d^16s^2$ 138.9 Lanthanum	58 Ce shì 铈 $4f^15d^16s^2$ 140.1 Cerium	59 Pr pǔ 镨 $4f^36s^2$ 140.9 Praseodymium	60 Nd nǚ 钕 $4f^46s^2$ 144.2 Neodymium	61 Pm pǒ 钷 $4f^56s^2$ [145] Promethium	62 Sm shān 钐 $4f^66s^2$ 150.4 Samarium	63 Eu yǒu 铕 $4f^76s^2$ 152.0 Europium	64 Gd gá 钆 $4f^75d^16s^2$ 157.3 Gadolinium	65 Tb tè 铽 $4f^96s^2$ 158.9 Terbium	66 Dy dī 镝 $4f^{10}6s^2$ 162.5 Dysprosium	67 Ho huǒ 钬 $4f^{11}6s^2$ 164.9 Holmium	68 Er ěr 铒 $4f^{12}6s^2$ 167.3 Erbium	69 Tm diū 铥 $4f^{13}6s^2$ 168.9 Thulium	70 Yb yì 镱 $4f^{14}6s^2$ 173.1 Ytterbium	71 Lu lǔ 镥 $4f^{14}5d^16s^2$ 175.0 Lutetium
锕系	89 Ac ā 锕 $6d^17s^2$ [227] Actinium	90 Th tǔ 钍 $6d^27s^2$ 232.0 Thorium	91 Pa pú 镤 $5f^26d^17s^2$ 231.0 Protactinium	92 U yóu 铀 $5f^36d^17s^2$ 238.0 Uranium	93 Np ná 镎 $5f^46d^17s^2$ [237] Neptunium	94 Pu bù 钚 $5f^67s^2$ [244] Plutonium	95 Am méi 镅 $5f^77s^2$ [243] Americium	96 Cm jú 锔 $5f^76d^17s^2$ [247] Curium	97 Bk péi 锫 $5f^97s^2$ [247] Berkelium	98 Cf kāi 锎 $5f^{10}7s^2$ [251] Californium	99 Es āi 锿 $5f^{11}7s^2$ [252] Einsteinium	100 Fm fèi 镄 $5f^{12}7s^2$ [257] Fermium	101 Md mén 钔 $5f^{13}7s^2$ [258] Mendelevium	102 No nuò 锘 $5f^{14}7s^2$ [259] Nobelium	103 Lr láo 铹 $5f^{14}6d^17s^2$ [262] Lawrencium

图例：26 Fe tiě 铁 $3d^64s^2$ 55.85 Iron

原子序数（黑-固体 绿-液体 红-气体 灰-未知）；拼音；中文名称；元素名称（黑-普通 红-人造）；化学符号（黑-普通 红-放射性）；电子排布；原子量

碱金属　碱土金属　贫金属　过渡金属　镧系元素　锕系元素　类金属　非金属　卤素　稀有气体　待确认

Electron Configuration Blocks: s d p f

图1.1　元素周期表

它们也有相似的原子结构和化学性质，并且它们都是放射性元素。锕系元素中前6种元素锕、钍、镤、铀、镎、钚存在于自然界中，其余9种全部由人工核反应合成。α衰变和自发裂变是锕系元素的重要特性，因此，锕系元素的毒性和辐射危害较大。目前，在锕系元素中，铀元素、钚元素和钍元素在核工业和国防工业中用量较大，其他元素的产量较少或半衰期较短，应用尚不广泛。

超铀元素是指原子序数大于92的元素。超铀元素都是放射性元素，大多都是由人工核反应发现并制造的，只有极少量的超铀元素（如镎元素、钚元素）存在于自然界。至今发现的超铀元素有27种。人工合成的超铀元素利用反应堆或加速器通过一定核反应生成，半衰期很短，不稳定且合成困难。美国核化学家西博格在1940年发现钚元素，后来又发现镅元素、锔元素、锫元素、锎元素， 他和他的同事们共发现10个超铀元素，西博格于1951年获诺贝尔化学奖。

二、天然放射性和人工放射性

1896年，法国物理学家贝克勒尔发现天然放射性。1898年，居里夫妇发现放射性元素钋，1902年发现放射性元素镭。现在人们已经认识和掌握了天然放射性与人工放射性。

1. 天然放射性

在太空中，存在初级宇宙射线（如高能质子、重带电粒子）和次级宇宙射线（如μ介子、电子、质子、π介子、κ介子等）。宇宙射线和大气中物质作用产生宇生放射性核素，如^{3}H、^{7}Be、^{14}C、^{22}Na等

地球上有铀矿、钍矿，具有铀系、钍系、锕铀系等3个衰变系核素 。这3个衰变系核素经过一系列α衰变和β衰变，最后成为稳定铅。因此，自然界中存在^{238}U、^{232}Th、^{226}Ra、^{222}Rn、^{210}Po、^{210}Pb等原生放射性核素。此外，含钾元素的矿物中含有^{40}K核素，含碳元素的矿物中含有^{14}C核素等，不过，这些核素对人类健康的影响无足轻重。

2. 人工放射性

在自然界中，天然放射性核素数量很少，只有50多种。目前，世界上存在的2000多种放射性核素中，绝大多数是由人工合成的。合成放射性核素的主要途径是原子核与原子核，或原子核与其他粒子（如中子、质子、氘核或α粒子）之间的核反应，示例如下：

（1）通过反应堆合成，即中子活化反应和中子俘获反应。

（2）通过加速器合成，即用各种加速器产生的电子、质子、氘核、α粒子或其他重粒子轰击靶材料。

（3）利用宇宙射线，通过高能粒子作用。

（4）通过中子发生器，如“母牛发生器”：$^{99}Mo \to ^{99m}Tc$（钼→锝），$^{90}Sr \to ^{90}Y$（锶→钇），$^{113}Sn \to ^{113m}In$（锡→铟）等。

三、原子与原子核

人们认识到，世界物质的结构由夸克→核子→原子核→原子→分子组成。分子由原子通过化学键结合形成单质或化合物进而组成万物；原子由原子核和核外电子构成；原子核由质子和中子构成；中子和质子由更基本的单元夸克组成；夸克是否是物质最小单元，现在尚无定论。基本粒子物理学有许多尚未揭开的谜题。

世界上的物质，大家所知道的有固态、液态、气态三种。而现在人们了解到，除了固态、液态、气态之外，还有等离子态和凝聚态。这五态具有明显的差别。

（1）固态：有形状和体积，分子紧紧地结合在一起。

（2）液态：有体积没有形状，分子结合得较松，可流动。

（3）气态：无体积也无形状，分子可自由移动，可充满封存容器的空间。

（4）等离子态：由等量带负电荷的电子和带正电荷的离子组成。

（5）凝聚态：处于不同状态的原子突然“凝聚”到了同一种状态，又称玻色-爱因斯坦凝聚态。

随着科学技术的发展，人们认识到，自然界中存在四种基本作用力：

① 万有引力。万有引力是任意两个物体或两个粒子间与其质量乘积和距离相关的吸引力。这是自然界中最普遍的力。大家都听过牛顿由苹果落到地上，发现万有引力的故事。万有引力简称引力，也称重力。

② 电磁相互作用力。电磁相互作用力是带电粒子与电磁场的相互作用力以及带电粒子之间通过电磁场传递的相互作用力。电磁相互作用力和万有引力一样是长程力，可在宏观尺度的距离中起作用而表现为宏观现象。

③ 强相互作用力。强相互作用力是作用于强子之间的力。核子间的核力就是强相互作用力，它抵抗了质子之间的电磁作用力，维持原子核的稳定性。

④ 弱相互作用力。弱相互作用力称弱力或弱核力。它对核的影响作用较多，但主要作用为控制放射性衰变的速率。

（一）核结构

原子由核外电子和原子核两部分组成。原子核外围的电子带负电荷，分布在不同壳层上运动。原子核位于原子的中心，由质子和中子组成。质子带正电，中子不带电（见图1.2）。质子数和核外电子数相等，原子核带的正电荷数等于核外电子的总负电荷数，因此，原子呈现电中性。

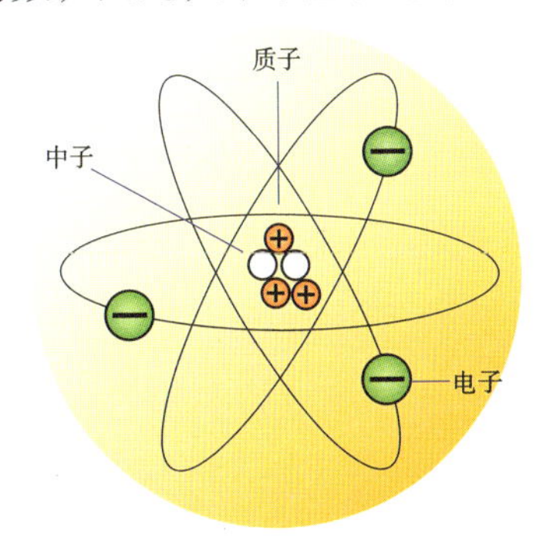

图1.2　原子核结构示意

原子核极小，原子直径约为10^{-12}cm，原子核的直径不到原子直径的万分之一，其体积只占原子体积的几千亿分之一，但原子的质量几乎全部集中在原子核上。

不同元素原子核的质子数和中子数不同。氢原子结构最简单，其原子核里只有一个质子，核外只有一个电子。铀原子结构很复杂，其原子核里有92个质子，核外有92个电子。氧原子结构复杂性介于两者之间。氢原子、氧原子、铀原子结构示意图如图1.3所示。

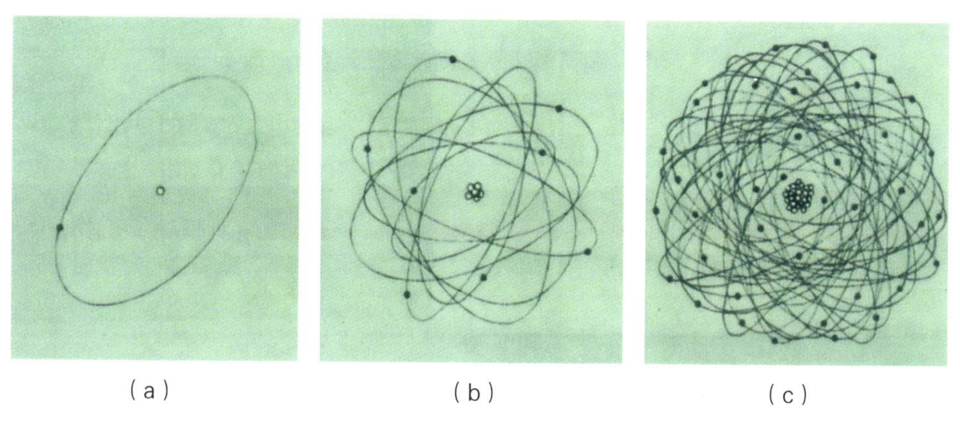

（a）氢原子；（b）氧原子；（c）铀原子。

图1.3 几种原子结构示意图

（1）电子。电子是一种带负电的基本粒子，于1897年由剑桥大学的汤姆逊发现。原子的电子数与质子数相等，原子呈电中性，电子与质子之间存在库仑引力，使得电子束缚于原子中。当原子得到额外的电子时，原子带负电，形成阴离子；当原子失去电子时，原子带正电，形成阳离子。当电子脱离原子核的束缚，能够自由移动时，此电子成为自由电子。许多自由电子一起移动形成电流。电子有很多的应用，如电子束焊接、阴极射线管、电子显微镜、放射线治疗、激光和电子加速器等。电子的反粒子带正电，称为反电子，其质量、自旋、带电量等都与电子相同，但其电性与电子相反。当正电子与反电子碰撞时，发生“湮灭”，产生光子并放出能量。

（2）质子。质子和中子一起组成原子核的基本粒子（并称为核子）。质子是由卢瑟福首先发现的。质子由两个上夸克和一个下夸克组成。质子有很多用处。例如，不同能量的质子加速器在工业、农业、医疗、国防和科学研究等很多方面有广泛应用。质子带一个单位的正电荷，质子的反粒子为带负电的质子，其电性与正质子相反。当正质子与反质子碰撞时，发生“湮灭”，产生光子并放出能量。

（3）中子。中子不带电。中子的概念由卢瑟福提出，1932年，查德威克证实了中子的存在。中子的发现打开了实现核裂变的大门。中子由两个下夸克和一个上夸克组成。中子的能量分布范围非常广泛，可分为慢中子、快中子，热中子、冷中子等。自由中子是不稳定的，自然界中不存在自由中子。中子由反应堆中子源、加速器中子源、放射性同位素中子源产生。中子与物质作用，不直接引起电离，只发生中子慢化、弹性散射、非弹性散射、中子吸收、中子核反应、中子核裂变和中子俘获反应 。

（4）夸克。夸克是组成电子、质子和中子的基本粒子，是构成物质的基本单元。夸克互相结合，形成复合粒子，称为强子。质子和中子是最稳定的强子。夸克的可分性还在争议和研究中。中国科学院高能物理研究所北京谱仪（BESIII）实验国际合作组利用北京正负电子对撞机，发现了“四夸克物质”Zc（3900），荣获2023年度国家自然科学奖二等奖。“四夸克物质”的发现，揭示出宇宙中存在奇特态物质, 这有助于揭开宇宙奥秘, 促进人们深入认识世界。

（二）原子、原子核特性

人们常把原子称为核素，核素可分为稳定核素和不稳定核素，不稳定核素即放射性核素。在自然界已发现的约2700种核素中，多数是不稳定核素，只有近300种是稳定核素。原子核有许多特性，如具有强大核力。不稳定原子核具有不同的衰变常数 、半衰期和毒性等特性，通过放射性衰变逐渐变得更加稳定。

1. 核力

原子核中只有质子带正电，正电之间有很大的库仑斥力，但原子核却很稳定，这是因为原子核里有巨大的核力。核力作用在质子和质子之间、质子和中子之间、中子和中子之间。核子之间的核力，是一种比电磁作用大得多的相互作用力。

2. 衰变常数

不稳定的原子核称为放射性核素，会自发衰变，放出射线和能量，最终成为稳定核素。放射性核素有一个特性常数，称为衰变常数（λ），表征放射性核素衰变的快慢。

3. 半衰期

半衰期（$T_{1/2}$）是指放射性核素原子核数衰变到原来一半所需的时间。半衰期的长短取决于衰变常数，即

$$T_{1/2}=\frac{\ln 2}{\lambda}=\frac{0.693}{\lambda}$$

有的放射性核素半衰期很短，不足0.001s；有的放射性核素半衰期非常长，超过百万年。放射性核素经过10个半衰期，其放射性活度将衰降到约原来的千分之一，经过20个半衰期衰降到约原来的百万分之一。

4. 活度

活度是度量放射性核素强弱的物理量，单位为贝克勒尔（Bq）。放射性活度也称衰变率，是指放射性核素在单位时间（s）内衰变掉的核子数。衡量气体和液体中的放射性用活度浓度，衡量固体中的放射性用比活度，具体如下：

活度浓度：单位体积的放射性活度，单位为Bq/L或Bg/m^3。

比活度：单位质量的放射性活度，单位为Bq/kg。

5. 毒性

不同核素有不同的毒性，差别很大。放射性核素的毒性分为4组，具体如下：

（1）极毒组：^{226}Ra、^{210}Po、^{239}Pu、^{240}Pu、^{241}Am等。

（2）高毒组：^{60}Co、^{90}Sr、^{144}Ce、^{237}Np、^{241}Pu等。

（3）中毒组：^{137}Cs、^{131}I、^{14}C、^{110m}Ag、^{125}I、^{147}Pm等。

（4）低毒组：^{3}H、^{129}I、^{135}Cs、^{133}Xe、^{235}U、^{238}U等。

（三）核反应能力

原子核具有4种核反应能力，即核衰变、核裂变、核聚变、核嬗变。

1. 核衰变

核衰变是指放射性核素原子核自发放射出射线，最终成为稳定核素。放射性核素的衰变与温度、压力等外界条件无关，而是由原子核内部的物理状态所决定的，并依指数规律按如下公式衰减，即

$$N=N_0e^{-\lambda t}$$

式中，λ——衰变常数，表征衰变快慢的特性常数；

N_0——衰变前原子核数；

N——衰变后原子核数；

t——衰变时间。

核衰变伴随放出粒子或射线，导致核结构和内部能量发生改变。核衰变形式有α衰变、β衰变和γ迁跃等。

（1）α衰变。α衰变是指原子核自发放射高速运动的氦核，即α射线。α衰变电荷数减少2，质量数减少4，即放射出一个氦原子核。能够发生α衰变的原子核都为重核，且大多数重核都具有α放射性，质量数小于140的原子核不具有α放射性。

（2）β衰变。β衰变是指原子核自发放射高速运动电子（负电子或正电子）。β衰变有以下3种类型：

①β^-衰变，自发放射负电子，有1个中子变成质子，质量数不变，原子序数增加1。

②β^+衰变，自发放射正电子,有1个质子变成中子，质量数不变，原子序数减少1。

③电子俘获衰变（Electron Capture Decay，简称EC衰变），俘获轨道电子，有1个质子变成中子，质量数不变，原子序数减少1。

（3）γ跃迁。γ跃迁是指处于较高激发态的原子核向较低能级跃迁，跃迁过程中放射γ射线（光子），因此，称为γ跃迁。γ射线是一种波长极短的电磁辐射。

α衰变和β衰变的原子核往往处于激发态，因此，α衰变和β衰变往往伴随放射γ射线。γ跃迁只改变原子核的内部状态，即

$$X^* \longrightarrow X + \gamma$$

2. 核裂变

核裂变指是重核（如铀-235、钚-239、铀-233）分裂成两个或两个以上原子核。核裂变可分为自发核裂变和人工核裂变（诱发核裂变）。人工核裂变又可分为可控核裂变和不可控核裂变。例如，反应堆运行属于可控核裂变，原子弹爆炸属于不可控核裂变。

铀-235、钚-239和铀-233均是易裂变核素。铀-238可由快中子引发裂变，称为可裂变核素；钚-232和铀-238在吸收中子后经β^-衰变转变成易裂变核素，称为可转换核素。

核裂变产生的核素称为裂片核素或裂变产物（Fission Product，简称FP），裂片核素包括从锌（*Z*=30）到钆（*Z*=64）35种元素及质量数为72～160的100多种初级裂变产物。这些初级裂变产物几乎都是放射性核素，平均需经过3～4次衰变才成为稳定性核素，所以初级裂变产物的核素就达300多种。其中，Sr-90、Zr-95、Cs-137、I-131、Xe-133、Pm-147等核素的产额较高。核裂变双驼峰如图1.4所示。

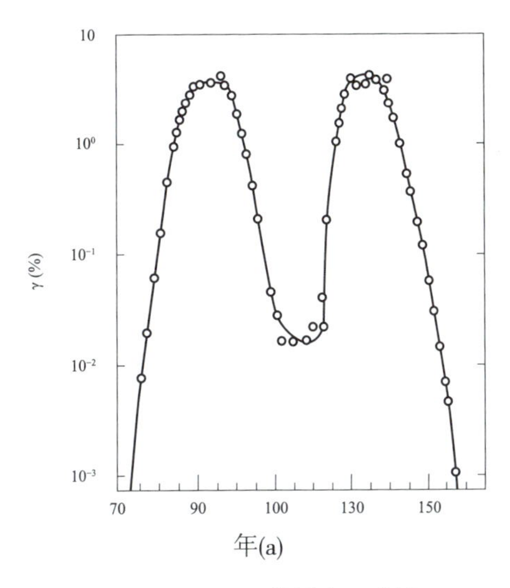

图1.4　核裂变双驼峰

3. 核聚变

核聚变是指两个轻核［如氘（^{2}H）、氚（^{3}H）］结合成一个较大的原子核。核聚变可分为自发核聚变和人工核聚变。例如，太阳上发生的是自发核聚变。人工核聚变又可分为可控核聚变和不可控核聚变。例如，氢弹爆炸属于不可控核聚变，正在研究的聚变反应堆（俗称“人造小太阳”）属于可控核聚变装置。

4. 核嬗变

核嬗变是指通过中子、质子或光子的人工核反应，使次锕系核素和长寿命核素转变成短寿命核素或稳定核素，可降低或消除高放废物的长期危害性，此外，核嬗变所释放的能量也有很高的利用价值。核嬗变可以通过反应堆、加速器、加速器驱动的次临界装置，及裂变-聚变混合装置来实现，但目前全世界尚未实现核嬗变，该课题仍处于攻关研究阶段。

（四）同位素、同质异能素、同质异位素

1. 同位素

同位素是原子序数相同，但质量数不同的核素，统称为某元素的同位素，

同位素可分为稳定同位素和放射性同位素两类。地球上稳定同位素不多，只有几十个，放射性同位素很多，已发现的有上千个，还在不断发现，不断增加。各个元素拥有的同位素数目不一，有的多，有的少，例如：

铀的同位素有26个，如^{233}U、^{234}U、^{235}U、^{238}U等；

氢的同位素只有3个，如^{1}H（氕）、^{2}H（氘）、^{3}H（氚）。

不同同位素有不同核结构、不同特性和不同用途，如图1.5和表1.1、表1.2所示。

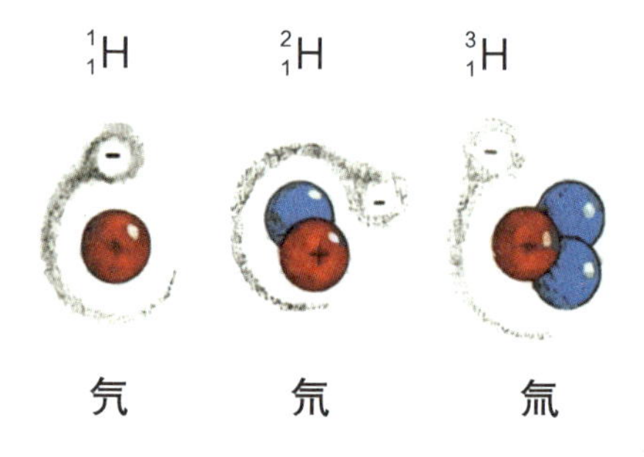

图1.5　氢的三个同位素核结构示意图

氕核内有1个质子，核外有1个电子。氘核内有1个质子和1个中子，核外有1个电子。氚核内有1个质子和2个中子，核外有1个电子。

表1.1　氢的3个同位素

氢同位素	氕（H）	氘（D）	氚（T）
丰度	99.980% 大量	0.016 % 很少	0.004 % 极少
与氧结合	水 H_2O	重水 D_2O	氚水T_2O、氚化水HTO
放射性	无	无	有

表1.2　铀的3个同位素

同位素	铀-234	铀-235	铀-238
丰度	0.005 6%	0.718 0%	99.276 0%
半衰期	2.450×10^5年	7.038×10^6年	4.468×10^9年
放射性	α衰变	α衰变	α衰变
特性	可裂变核素	易裂变核素	可裂变核素

再举一个碘元素的例子。碘元素有 ^{115}I～^{141}I共27个同位素，它们特性差别很大。其中，只有 ^{127}I是稳定同位素，其他都是放射性同位素；^{141}I的半衰期只有0.4s，而 ^{129}I的半衰期长达1.6×10^7年。在碘元素的27个同位素中，以 ^{125}I、^{129}I、^{131}I 三个最为重要。

2. 同质异能素

同质异能素是指原子序数相同、质量数相同，但处在不同能态的核素。同质异能素很多，有500多种，如 ^{99}Tc（锝-99）和 ^{99m}Tc（锝-99m），^{110}Ag（银-110）和 ^{110m}Ag（银-110m），^{124}Sb（锑-124）、^{124m1}Sb（锑-124m1）和^{124m2}Sb（锑-124m2）。^{99}Tc是重要裂变产物，其半衰期超过百万年，^{99m}Tc 是 ^{99}Mo-^{99m}Tc“母牛”发生器的产物，半衰期为6.02h，主要用于放射性医疗。

3. 同质异位素

同质异位素是指原子序数不同，但质量数相同的核素。同质异能素很多，如 ^{90}Sr（锶-90）与 ^{90}Y（钇-90）；^{239}Np（镎-239）与 ^{239}Pu（钚-239）。

四、反物质与暗物质

（一）反物质（antimatter）

反物质是由反粒子构成的物质。大家知道，电子带负电，质子带正电。实际上还存在带正电的电子（称反电子）和带负电的质子（称反质子）。由带正电的电子和带负电的质子组成的原子称反原子，由反原子组成的物质就称反物质。目前已经发现了反电子、反质子、反中子、反中微子等许多反粒子。1959年我国物理学家王淦昌院士等人在苏联杜布纳联合所发现的反西格玛负超子，也是反粒子，这一发现也为反物质的存在提供了证据。

正物质同反物质相遇，会爆炸成光物质，称为“湮灭”，即质量转化为能量释放出来。按照爱因斯坦质能关系公式计算，一个反电子和一个反质子发生湮没，释放的能量比一个氘、氚聚变释放的能量大266倍，比一个铀-235原子裂变释放的能量大1000倍，科学家们设想利用“湮灭”来制造新能源和核武器。反物质武器有多大威力？一般情况下，1kg武器级铀裂变释放的能量相当于2万t TNT炸药。1kg氘、氚核聚变材料聚变时释放的能量相当于8万t TNT炸药，由此，可想而知反物质武器的威力有多么巨大。美国物理学家杰拉德·史密斯提出用磁场把反物质“囚禁”于一个特殊的容器中，用作亚光速宇宙飞船的燃料。

反物质不存在于自然界，并且制造非常困难，储存也非常困难。氢原子是世界上构造最简单的物质，科学家先从制造反氢原子入手。一个国际研究小组在欧洲核子研究中心制造反氢原子，3个星期制造出9个反氢原子。

诺贝尔物理学奖得主丁肇中等一批科学家正在砥砺攻关。据报道，科学家已利用大型加速器制造出相当数量的反氢原子核和反氦原子核。诚然，要造出反物质还有很远的路程。

（二）暗物质（dark matter）

暗物质的概念是在1922年由美国天文学家卡普坦首先提出，他认为在宇宙中存在着一种不可见的物质，它是宇宙物质的主要组成部分，但不是可见天体的已知物质。天文学家观察发现，暗物质存在于星系、星团及宇宙中，其总质量远大于宇宙中全部天体质量的总和。

许多天文学家经过大量的观察和分析研究得出: 暗物质比电子和光子还小，不带电荷，有质量，密度非常小，并且参与引力相互作用，暗物质高度稳定，基本不参与电磁相互作用。2022年美国天体物理学家分析认为，宇宙的组成中2/3为暗物质，1/3为明物质。现在，暗物质的存在已得到科学家的广泛认同，然而科学家对暗物质属性的了解还很少。

为了研究暗物质，许多国家的科学家正在宇宙空间和深地下实验室联合攻关。2011年，丁肇中主持建造的第二台阿尔法磁谱仪（AMS-02），搭乘“奋进号”航天飞机升空，开始了在国际空间站的使命——寻找反物质和暗物质。这是丁肇中领导的包括中国在内共16个国家和地区的60多个研究所，包括600多位科学家参加的大型国际合作。截至2024年年初，在太空中已收集到超过千亿条宇宙射线，这些重大发现再次改变了人类对宇宙的认识。全世界已建造了不少深地下实验室，由科学家在地面进行操控和测定。

为了研究暗物质，我国由清华大学带头，并联合上海交通大学等单位，在四川凉山2400m的深地下，建造了中国锦屏地下实验室。该实验室几乎可以不受宇宙射线粒子的干扰（干扰可降到千万分之一到亿分之一）。

综上所述，绚丽的大千世界，奇异的原子结构，等待着人们进一步去探索，从而创造更美好的未来。

第二章

威力无比的核武器

核能的发展和利用是20世纪人类社会最有影响的伟大成就。核能的利用首先在军工。1896年贝克勒尔发现天然放射现象，1898年居里夫妇发现放射性元素钋，并于1902年发现放射性元素镭，1932年查德威克发现中子，1938年哈恩和斯特拉斯曼发现核裂变现象。德国的希特勒想在德国赶造出原子弹，早日实现吞并欧洲的梦想；希特勒的东方盟友日本也想造出原子弹，早日实现吞并中国和亚洲的野心。身在美国的爱因斯坦等专家提出建议，应该抢先在希特勒之前制造出原子弹，经时任美国总统罗斯福批准，美国实施曼哈顿计划，并于1945年成功制造出3颗原子弹，其中两枚投掷在日本，加快了第二次世界大战的结束。第二次世界大战结束后，苏联、英国、法国等都竞相发展核武器。

毛泽东主席洞察世界形势，深谋远虑，告诫全国人民："我们现在已经比过去强，以后还要比现在强，不但要有更多飞机和大炮，而且还要有原子弹。在今天的世界上，我们不受人家欺负，就不能没有这个东西。"我国随即发动全民寻找造原子弹的燃料——铀矿，并很快找到。然后，我国迅速成功建造了原子反应堆，掌握了制造铀弹和钚弹的技术。1964年10月16日，我国成功爆炸了第一颗原子弹，1967年6月17日成功爆炸了第一颗氢弹。这标志着中华人民共和国成为世界五大核武国家之一，世界核大国第一次原子弹、氢弹爆炸时间如表2.1所示。

表2.1　世界核大国第一次原子弹、氢弹爆炸时间

国家	第一次原子弹爆炸时间	第一次氢弹爆炸时间
美国	1945年7月16日	1952年10月31日
苏联	1949年8月29日	1953年8月12日
英国	1952年10月3日	1957年5月15日
法国	1960年2月13日	1968年8月24日
中国	1964年10月16日	1967年6月17日

一、原子弹

原子弹是利用重核（铀-235或钚-239）裂变反应制成的强型炸弹。原子弹分铀弹（U-235）和钚弹（Pu-239）。原子弹用普通炸药引爆之后发生不可控链式反应，1秒钟内发生上千代裂变反应，如图2.1所示。

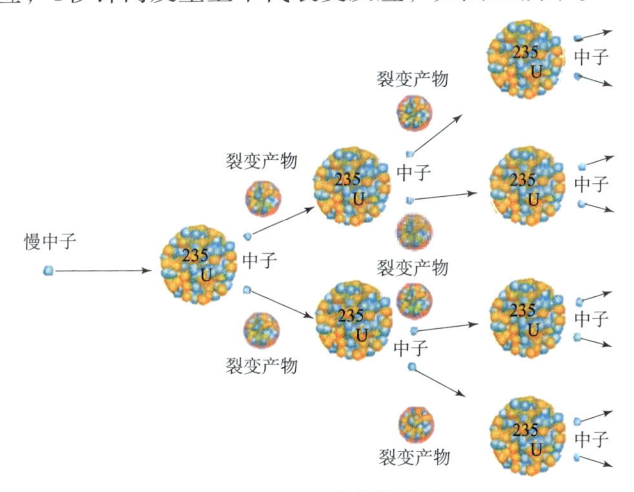

图2.1　原子弹爆炸链式反应

原子弹的爆炸实际分两步：首先用高能炸药爆炸的能量引爆，然后发生不可控的链式裂变反应，放出巨大能量。原子弹构造的基本原理有两种：①增大质量（压拢法）达到临界（见图2.2）；②增大密度（压紧法）达到临界（见图2.3）。

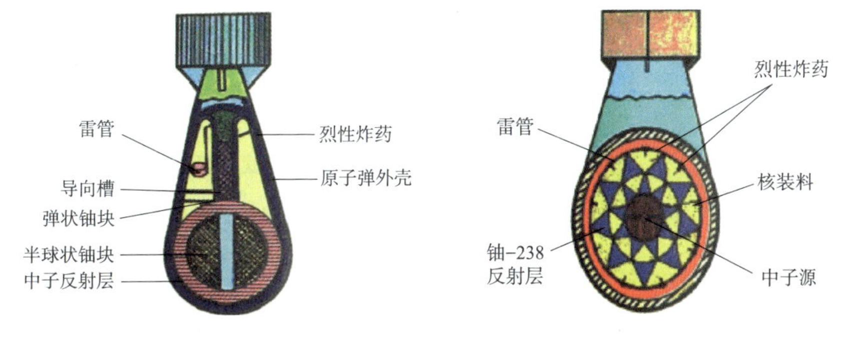

图2.2　压拢法原子弹原理图

图2.3　压紧法原子弹原理图

核裂变释放的能量是普通炸药的几百万倍。1945年8月6日，日本广岛爆炸的原子弹（名为“小男孩”铀弹）造成6.6万人死亡，6.9万人受伤。原子弹的杀伤破坏作用巨大，由冲击波、光辐射、放射性污染和贯穿辐射4部分组成。一般类型原子弹的杀伤力以冲击波作用占比最大（见图2.4）。

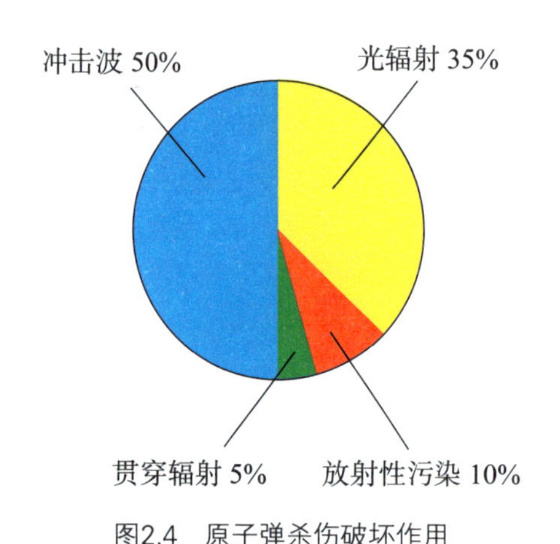

图2.4 原子弹杀伤破坏作用

铀弹的燃料采用铀–235丰度>90%的高浓铀。铀矿的品位较低，在勘探找矿后，开采的铀矿石首先经过溶制加工，精炼转换，制成六氟化铀，再浓缩分离，最后制造成原子弹所需要的高浓铀。1 kg武器级铀至少需要2000 t 高品位铀矿石提炼制造，一颗16 kg武器级铀原子弹，需要32 000 t 高品位铀矿石。铀的浓缩分离方法有扩散法（在淘汰中）、离心法（现在用得最多）、激光法（正在发展中）等。

钚弹的燃料采用钚–239丰度>93%的武器级钚（见表2.2）。

表2.2 钚的分级和用途

钚分级	反应堆级钚	燃料级钚	武器级钚	超级钚
钚–240 丰度/%	> 19	7 ~ 19	< 7	< 3
钚–239丰度/%	< 81	80 ~ 93	> 93	> 97

为制造武器级钚，需要在反应堆中用中子轰击铀-238，形成铀-239，经过β^-衰变为镎-239，再经过β^-衰变，获得钚-239（见图2.5）。

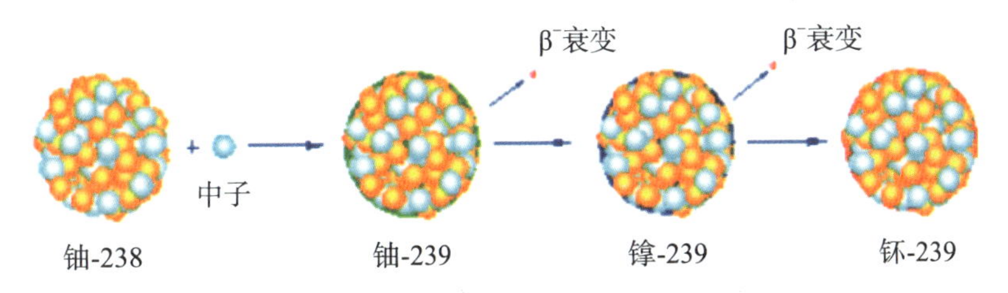

图2.5　铀-238转变为钚-239

第二次世界大战期间，美国为抢先在希特勒之前制造出原子弹，开展了曼哈顿计划，建造反应堆制造钚弹。在美国芝加哥大学网球场上用3周时间赶造出一个由52t铀、1000多t做慢化剂的石墨和做控制棒的镉构成的庞然大物，如图2.6所示。图中，左下角坐着的人在拉计算尺，计算在抽出反应堆中的镉棒时中子通量的改变，以判断反应堆是否达到临界；右上方架子上拿着刀斧的2人，负责在一旦出现超临界时砍断绳索上挂着的铁杆，使其掉落并砸碎反应堆；在下方架子旁的3人是敢死队队员，他们拿着装有硫化镉溶液的铁桶，在一旦出现超临界时就往反应堆浇硫化镉溶液，以控制中子数量，消除灾难。

图2.6　世界上第一个反应堆装置

1942年12月2日，这个反应堆装置实现了世界上首次临界试验，其输出功率为0.5W，点亮了4盏小灯泡，取得了世界上第一座反应堆出生证。

我国第一颗原子弹是铀弹，代号为596。1964年10月16日在新疆罗布泊102 m高塔上爆炸，当时的指挥部设在23 km外，由张爱萍将军指挥，蘑菇云升空高达2000多m（见图2.7）。

图2.7　我国第一颗原子弹爆炸装置和蘑菇云升空

二、氢弹

氢弹是利用轻核（氘^{2}H和氚^{3}H）聚变反应制成的核武器，其威力比原子弹更大。氢弹并不是利用氢元素做原料，而是利用其同位素氘和氚发生不可控核聚变反应（见图2.8）释放出巨大的能量。

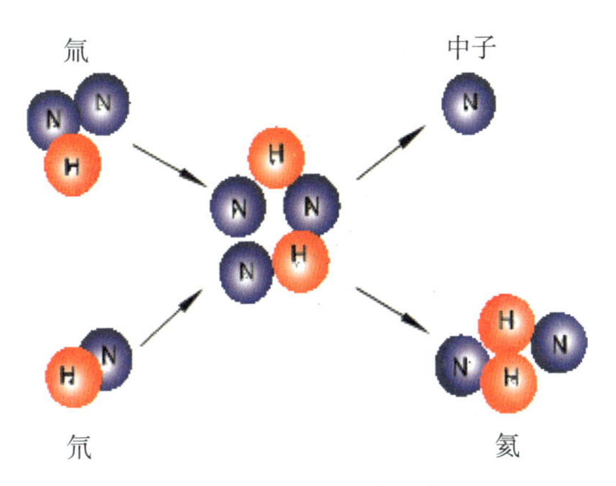

图2.8　氘、氚聚变反应

氢弹的不可控核聚变反应，要以原子弹作为引爆，难度更大。氘、氚聚变释放的能量是同质量U-235的4倍，威力更大，同时，其产生的放射性污染较小。氢弹构造如图2.9所示。

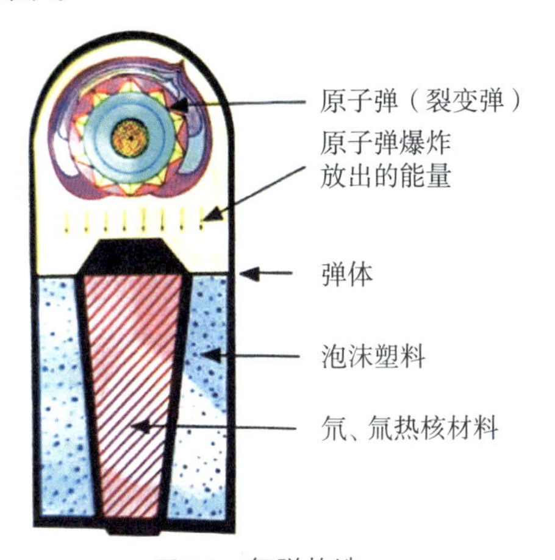

图2.9　氢弹构造

1967年6月17日，也就是第一颗原子弹爆炸成功两年零八个月后，我国就成功制造出了氢弹，这是世界核大国中研制速度最高的。我国第一颗氢弹的威力相当于330万t TNT当量，在高空用飞机投掷爆炸，如图2.10所示。

图2.10　我国第一颗氢弹爆炸蘑菇云

氚是氢弹不可缺少的原料，其半衰期为12.3年，每年衰变掉5.5%，需要补充和更新才能保证长期安全和可靠。产氚方法有以下多种：

（1）Li-Al合金靶产氚，产氚率低，经济性差，污染较大。

（2）重水堆重水提氚，采用疏水催化交换+低温精馏法，提氚产量高。

（3）压水堆陶瓷靶件产氚，即用偏铝酸锂（$LiAlO_2$）陶瓷靶件辐照产氚。

1999年9月18日，中共中央、国务院、中央军委表彰为研制“两弹一星”做出突出贡献的科技专家，给23位功臣颁发“两弹一星”功勋奖章，这是最高的荣誉和奖赏。他们是于敏、王大珩、王希季、朱光亚、孙家栋、任新民、吴自良、陈芳允、陈能宽、杨嘉墀、周光召、钱学森、屠守锷、黄纬禄、程开甲、彭桓武、王淦昌、邓稼先、赵九章、姚桐斌、钱骥、钱三强、郭永怀。“两弹一星”功勋奖章如图2.11所示。核领域“两弹一星”元勋的丰功伟绩见本书的附录。

图2.11　“两弹一星”功勋奖章

为传承红色革命基因，发扬光荣革命传统，我国设立了三大红色旅游基地，如图2.12所示。

（a）

（b）

（c）

（a）中国原子城；（b）马兰核爆试验地；（c）两弹城。

图2.12　三大红色旅游基地

（1）中国原子城，位于青海省海北藏族自治州海晏县西海镇，原金银滩草原上，如图2.12（a）所示。

（2）马兰核爆试验地，位于新疆巴音郭楞蒙古自治州境内罗布泊地区，如图2.12（b）所示。

（3）两弹城，位于四川省绵阳市梓潼县，如图2.12（c）所示。

三、中子弹

中子弹是第三代核武器，其主要杀伤力是通过增强核辐射作用来达到的。

中子弹是在氢弹基础上发展起来的一种核武器，以高能中子为主要杀伤因素，大幅降低了冲击波和光辐射效应。 中子弹的威力不算大，一般为1000 t TNT当量。中子弹可以做得很小，当炮弹使用。中子弹对建筑物、装甲车毁伤作用很大，且放射性污染较少。1kg氘、氚聚变反应所释放的中子数相当于1kg裂变材料所释放中子数的30倍。

中子弹的杀伤机理是利用中子的强穿透力。本书1.3节已经讲过，原子核由质子和中子组成，中子从原子核里发射出来后，不受外界电场的作用，穿透力极强。在杀伤半径范围内，中子可以穿透坦克的钢甲和钢筋水泥建筑物的厚壁，对其中的人员造成伤害。中子穿过人体时，会使人体内的分子和原子变成带电的离子，破坏人体里的碳、氢、氮原子，破坏细胞结构和组织，从而导致肌肉失调，使人发生痉挛和昏迷，严重时会在几小时内死亡。

中子弹为千吨级TNT当量的小型氢弹，可以用普通型枪炮发射。虽然其杀伤力较小，但对人体杀伤力和电子系统的破坏作用非常巨大。世界上只有美、俄、法、中、印度五国制造出了中子弹。1999年7月国务院新闻办宣布，中国在掌握原子弹、氢弹技术后，已先后掌握中子弹和核武器小型化技术。中子弹构造和可发射中子弹的炮车如图2.13所示。

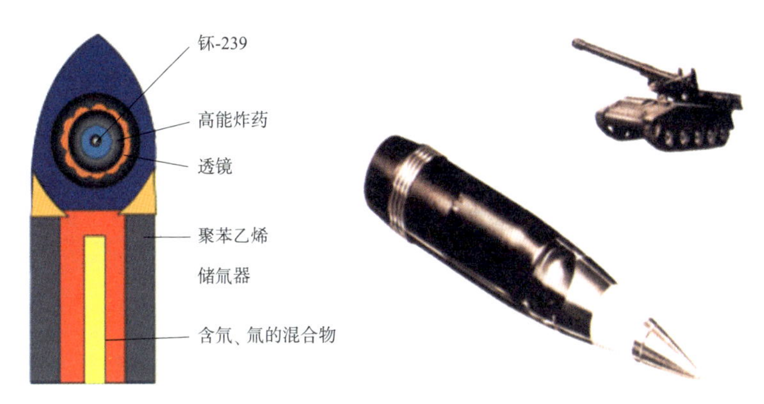

图2.13　中子弹构造和可发射中子弹的炮车

四、核钻地弹

核钻地弹是增强冲击波作用可强劲钻地的地堡核炸弹。核钻地弹深入地下，爆炸后可产生巨大破坏力，且放射性污染较少。

据报道，国际上70多个国家有1万多个地下设施，其中1400个被认为是战略目标，包括设在深地下的核、生物、化学武器库，弹道导弹基地或指挥控制中心。美国极力发展核钻地弹，并已在中东等地的作战中投入使用。图2.14所示为投掷核钻地弹。

图2.14　投掷核钻地弹

五、核武器的发展

核武器从20世纪40年代以来持续发展，从第一代、第二代、第三代向着第四代、新概念武器推进。核武器的分代方法不太统一，大致的分代如表2.3所示。

表2.3　核武器大致的分代

分代	核武器	原理
第一代	原子弹	利用核裂变释放出的巨大能量以达到杀伤破坏作用
第二代	一代氢弹	将铀块或钚块作为原子弹的核装料，利用炸药引爆激发原子弹的爆炸，提供高温和高压，从而实现氢弹的爆炸
	二代氢弹	选择用氘化锂-6作氢弹装料，利用原子弹爆炸产生的中子与锂-6相互作用产生氚，从而使氚和氘发生聚变反应
	三代氢弹	氢弹爆炸释放大量快中子，利用快中子促使铀-238发生进一步的裂变反应释放出更多的能量，使得氢弹威力更大
第三代	中子弹	利用氘、氚原子核的聚变反应来实现增强高能中子辐射，以增强高能中子辐射作为主要杀伤因素的低当量小型氢弹
	冲击波弹	采用了慢化吸收中子技术，减少了中子活化削弱辐射的作用
	感生放射性弹	利用聚变反应产生的大量高能中子作为主要杀伤因素
	X射线弹	通过增强X射线破坏效应为主要杀伤破坏因素
第四代	粒子束武器	通过高能强流粒子加速器，将注入的电子、质子等提速至光速，借助磁场作用将高速粒子汇聚成粒子束而直接打向要击中的目标
	同质异能素武器	利用同一种处于不同能量状态的核素在退激过程中所释放出来的大量能量所制成的武器
	反物质武器	利用正反物质“湮灭”释放巨大能量

新型核武器的特点如下：

（1）核弹头当量降低或当量可调，附带毁伤作用减小。

（2）具有很强的钻地能力。

（3）命中精度高，对指挥、控制和通信系统打击精度可控制在10m以内或更高级别。

（4）具有更强的突防和抗电子干扰能力。

核武器杀伤威力比较如下：

- 高能普通炸药　作为基准1
- 铀–235 裂变（原子弹）　几百万倍到2000万倍
- 氘、氚聚变（氢弹）　8000万倍
- 反物质“湮灭”　400亿倍

核威慑战略是核大国军事战略的基石，需确保核威慑的可靠性和有效性，确保军用核材料的持续供应。

核武研究的多种方法：

（1）用超级计算机做“虚拟核爆炸试验”“核仿真模拟试验”。

（2）用脉冲反应堆、大型粒子加速器、强脉冲激光器、离子对撞机、惯性约束核聚变等研究核爆炸物理过程和核爆效应。

（3）在深地下平洞中做次临界试验。

（4）开发新型实战化、小型化武器。

（5）保证核武器库中核武器的安全性、可靠性、有效性。

核武试验的多种形式：

（1）大气层核爆炸试验（已有禁试条约）。

（2）地面核试验（已有禁试条约）。

（3）地下核试验。

（4）水下核试验。

（5）外层空间核试验。

（6）模拟核试验。

六、核舰艇

核舰艇有多种，本章主要介绍核航母和核潜艇。

（一）核航母

核动力航空母舰（简称“核航母”）常被称为“海上巨无霸”。航空母舰（简称“航母”）是海军舰载机起飞和降落的海上活动机场，航母既有战略威慑、制海、制空、制信息的作用，又有实施对陆攻击、兵力投射、联合攻防作用。在远洋作战中，信息系统、武器系统和航空指挥系统都依靠航母。日本在第二次世界大战时有25艘航母，得意忘形地偷袭美国珍珠港，不久遭到全军覆没。日本原有航母全被摧毁，现将准航母“出云号”，升级为真航母。

现在，世界上美、中、英、法、俄、意、印、巴西和泰国等有现役航母20多艘，大部分为非核动力航母，仅法国“戴高乐”号和美国11艘航母（10艘“尼米兹”级、1艘“福特”级）为核动力航母。“戴高乐”号航母的核动力用2艘核潜艇反应堆做动力，功率不大，要常换料，使用受限制。美国打算新建10艘“福特”级航母代替“尼米兹”级。“尼米兹”级用60%丰度的铀-235作燃料，“福特”级用97%丰度的铀-235作燃料，因此“福特”级技术难度更高、费用更大。美国要造这么多艘“福特”级航母，缺乏足够资金，实现困难。我国现有3艘航母，“辽宁”号、“山东”号和“福建”号，都为非核动力航母，在建的2艘航母都是核动力航母。我国的“福建”号航母已经采用了电磁弹射起飞，达到世界先进水平。图2.15示美国“林肯”号核航母和法国“戴高乐”号核航母。图2.16是完全由我国自主设计、自主建造、自主配套的“山东”号航母。

（a）

（b）

图2.15 美国 “林肯”号核航母（a）和 法国 “戴高乐”号核航母（b）

图2.16 中国 “山东”号航母

核航母特点如下：

（1）功率大，自重大，负载量特别大，需要非常大的动力。每艘核航母需要2座压水堆作为动力源。大型核航母长超300米，宽超70米，可载机70 ~ 120架，满载排水量超7万t，工作人员超千人。

（2）航速可达30多节（1节=1.852 km/h）。

（3）可长期不补给燃料，续航时间长。

（4）攻击力非常大，功能非常多。

核航母自身目标庞大，易受攻击，所以需要与潜艇、驱逐舰、巡洋舰、护卫舰、补给舰等7～11艘舰艇组成一个编队（见图2.17），航母要发挥巨无霸作用，必须拥有先进的舰载机。

图2.17 一个航母配置许多舰艇的编队

（二）核潜艇

核潜艇又称“强大隐蔽杀手”，核潜艇分为如下两大类：

（1）战略核潜艇——以发射导弹为主。

（2）战术核潜艇——以发射鱼雷为主。

核潜艇具有如下特点：

（1）动力装置不需要供氧，不排烟，利用压水堆作为动力。

（2）水下可连续航行几个月，不易被人发现，具备强大的生存力和攻击力。

（3）功率高，航速可达30多节。

（4）堆芯燃料可用10年以上，可长期不换燃料。

（5）潜水深，噪声小，作战能力强。

现在，利用核潜艇作为导弹发射基地，从水下发射导弹，其优点是隐蔽性好，灵活性大，可潜行至敌方领海去发射。核潜艇从水下发射导弹如图2.18所示。

图2.18　核潜艇从水下发射导弹

我国核潜艇发展较早。1971年我国第一艘核潜艇建成下水，1982年10月我国核潜艇水下发射导弹成功。1988年9月水下发射运载火箭成功。我国第一艘鱼雷核潜艇如图2.19所示，第一艘导弹核潜艇如图2.20所示。

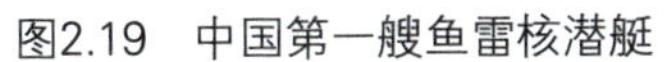

图2.19　中国第一艘鱼雷核潜艇

图2.20　中国第一艘导弹核潜艇

我国094核潜艇搭载有射程超5000 km的洲际导弹16枚，每个导弹配有6枚核弹头，即总共装有96枚核弹头，具有极强的威力。

世界核威慑形势日趋紧张，美国和英国航母与多国海军在亚太南海地区联合军演。日本架空和平宪法，打造航母，将“出云”号驱逐舰（准航母）升级为真航母。美、英、澳三国联合为澳大利亚建造核潜艇，撤销与法国签订的建造12艘常规动力潜艇订单，破坏核不扩散国际协议，加剧美、英与欧盟的分裂。核潜艇作为美军亚太布局的急先锋，美国“海狼级”核潜艇采用了大量超前技术。在当今美、英、日等国不停兴风作浪危害世界和平的形势下，必须以其人之道还治其人之身，壮大我国的核威慑力量。

第三章

高效低碳的核能

1954年，苏联建成奥布宁斯克核电站，这是世界上第一座试验核电站，其功率为5 MW，揭开了和平利用原子能的序幕。1957年，美国建成希平港核电站，其功率为60 MW，这是世界上第一座商用压水堆核电站。此后，核电站在世界范围内迅速发展。据2024年6月的统计，全世界33个国家和地区共有436台核电机组在运行，其中美国拥有数量最多，法国和我国都有56台，并列世界第二。世界范围内，在建核电机组共有57台，分布于18个国家，其中我国有23台，居世界第一。现在，在美国等一些国家中，正在进行核电站延长使用10年至20年的延寿计划。

我国大陆第一座核电站——秦山核电站于1991年12月15日并网发电，30万kW压水堆，终结了大陆无核电的历史；我国第一座大型商用核电站——广东大亚湾核电站于1994年投入商业运行。此后，我国核电迅速发展，现如今，我国核电水平已跻身世界前列。我国现行方针是积极、安全、有序地发展核电，大力推动高温气冷堆、快堆、模块化小型堆、海上浮动堆等先进堆型示范工程，以及核能在清洁供暖、工业供热、海水淡化等领域的综合利用。

人类从远古时代钻木取火后学会利用木炭、煤炭烧火，到使用电能，每天都离不开用火，因此能源是世界关注的大问题。现在，已开发出多种能源，包括火电、水电、太阳能（光伏电）、风电、核电，以及正在开发的地热能、潮汐能、生物能（沼气发电）等，然而世界上仍有许多地方的能源供不应求。

火电。火电需要烧煤、石油、天然气，这些都是非再生能源，而且化石燃料的存储量有限。据已掌握资料，全世界已找到的储煤量共计98 421亿t，估算可开采210年；石油1661亿t，可开采50年；天然气156万亿m^3，估算可开采70年。当然，这些数字是动态变化的，因为不断有新的资源被发现，而且这些资源消耗率也在变化，但存储量不断减少的趋势是不会改变的，而且把那么多宝贵的化工原料烧掉，也实在可惜。此外，还有煤、石油、天然气燃烧时会释放二氧化碳，排放具有温室效应的二氧化碳，以及具有强腐蚀性和毒害性的硫和氮氧化物，还会造成令人讨厌的雾霾天气。

水电。水电是可再生能源，但其受洪涝、干旱等自然灾害的影响较大。

太阳能（光伏电）、风电。太阳能、风能是可再生能源，但两者受昼夜与气候的影响大。

地热能、潮汐能、生物能（沼气发电）。地热能、潮汐能、生物能是可再生能源，但可使用的能量有限，不易规模化利用。

核能。核能是可再生能源。核能的开发利用已有70多年历史，全世界核电站的运行已累计2万堆年。美国拥有核电站的数目约占世界核电站总数的1/4。美国现运行有92台核电机组，提供美国20%的电力。法国核电站提供全国总电量的70%。现在世界上的核电站经历了两代堆型，正在向第三代和第四代核电站迈进。第一代核电站是20世纪五六十年代苏联与美国的一些核电堆型，属于原型核电站，主要用于试验、示范验证核电工程的可行性。第二代核电站是20世纪90年代前建造的商用核电站，在第一代核电站的基础上实现了商业化、标准化、系列化、批量化，提高了核电的经济性，大部分是压水堆型核电站。2022年后，国际上建设的核电站都为第三代核电站。第三代核电站的堆型包括美国西屋电气公司的AP1000压水堆、法国法玛通公司的EPR压水堆、韩国水利核电公司的APR1400压水堆、俄罗斯国家原子能公司VVER-1200压水堆及中国的“华龙一号”、“国和一号”、CAP1000型压水堆等。

第三代核电站与第二代核电站相比，更加安全与经济，其先进性包括燃料管理技术、设计技术、人因工程、数字化、仪表控制系统更宽阔的控制室、模块化设计和建造技术更先进。第三代核电站的设计寿命可达到60年，由于增加了被动冷却系统、非能动安全系统，因此大大提高了核电站的安全性。

我国“华龙一号”核电机组是中国核工业集团有限公司和中国广核集团有

限公司在30余年核电设计、制造、建设和运行基础上所研发的先进的百万kW级压水堆核电技术，是具有完全自主知识产权的压水堆核电创新成果，是当代中国核电机组发展的主力堆型。截至2022年3月，已有福清5号、6号核电机组（见图3.1）和出口巴基斯坦卡拉奇2号、3号核电机组，共计4台机组并网发电。目前在建的“华龙一号”核电机组共有十余台。

图3.1 “华龙一号”核电机组福清5号、6号核电机组

“华龙一号”核电机组每年发电近100亿kW·h，可满足中等发达国家100万人口的生产和生活年度用电需求；相当于减少标准煤消耗312万t，减少二氧化碳排放816万t。

第四代核电站要求满足安全、经济、可持续发展、极少废物生成、燃料增殖、风险低、防止核扩散等基本要求。第四代核电包括3种快中子反应堆和3种热中子反应堆共6种堆型：钠冷快堆、铅冷快堆、气冷快堆、高温气冷堆、熔盐堆、超临界水冷堆。

我国山东石岛湾高温气冷堆，属于第四代核电站，于2022年7月4日并网发电，这是世界上首座投入商业运行的第四代核电站。

我国福建霞浦快中子增值堆核电站于2023年1月30日建成1号核电机组，2号核电机组于2022年开建，该核电站也属于第四代核电站。快堆在运行中消耗裂变材料，但又产生新裂变材料，且产生的新裂变材料多于消耗裂变材料，实现了核裂变材料的增殖，对于节省铀资源和减少高水平放射性废物有十分重要的意义。

我国“玲龙一号”反应堆属于商用模块化小型堆，输出功率为12.5万kW，小巧玲珑，体积小、多功能、多用途，正在开展海上应用试验，相信未来有广阔的应用前景。偏远地区和电网较小的国家，为获得低碳能源和适应气候的无常变化，越来越倾向于发展中小型反应堆和模块化小型堆。

一、核能是高效、安全的能源

核能是高效、安全的能源，原子核内蕴藏着巨大的核能。例如，1kg铀-235放出的热量相当于2700t标准煤。核电和火电效率比较如下：

1 kg标准煤放出的热量：7 000 kcal，

1 L重油放出的热量：9 900 kcal，

1 m^3天然气放出的热量：9 800 kcal，

1 kg铀-235放出的热量：19 600 000 000 kcal。

核能发电的过程是能量转换的过程。原子核裂变过程中核能转换为热能，生成蒸气，热能转换为机械能推动汽轮机运转，机械能转换为电能最终产生电力。核能发电厂的核反应堆相当于火电厂的锅炉，煤燃烧释放化学能，原子核本身并没有发生变化，如图3.2所示，反应式为：

$$C+O_2 \longrightarrow CO_2+E$$

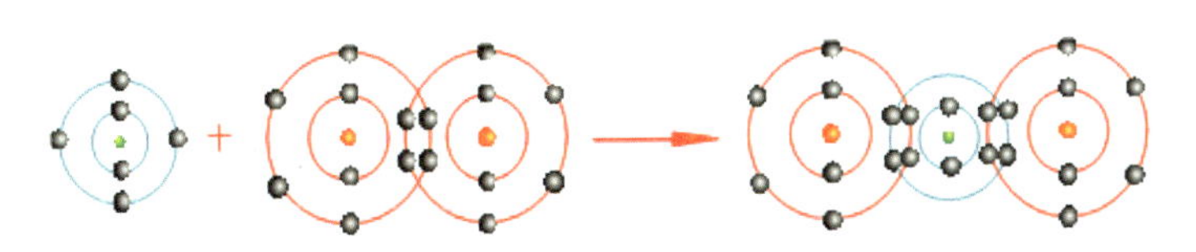

图3.2　煤燃烧的化学反应

1千克铀-235裂变释放的能量相当于约2700t标准煤燃烧释放的能量，一个铀-235原子核受一个中子轰击，分裂成两块散片，并放出2～3个中子（平均2.5个），释放出约200 MeV的能量。铀-235核裂变为什么会释放出这样巨大的能量？爱因斯坦指出，质量和能量可相互转换，质量消失转变为能量（质能转换定律），原子核质量亏损释放的能量E（称为结合能）为

$$E=mc^2$$

式中，m——亏损的质量；

c——光速，3×10^8 m/s。

因此，核电是高效的能源。

有人担心核电站的安全性，担心核电站是否会发生核爆炸。请放心，绝对不会。原子弹爆炸是不可控链式反应，但核电站维持着可控链式反应，这是因为核电站反应堆做了以下周密的设计、建造和管控。

第一，原子弹中铀-235的丰度大于90%，而核电站中用的是低浓缩铀，即铀-235的丰度仅2%～5%，这和啤酒点不着火的道理一样，核电站使用的燃料是安全的。

第二，严格控制反应堆中子的增长，控制棒使中子只能一代一代稳定地传下去（见图3.3）。

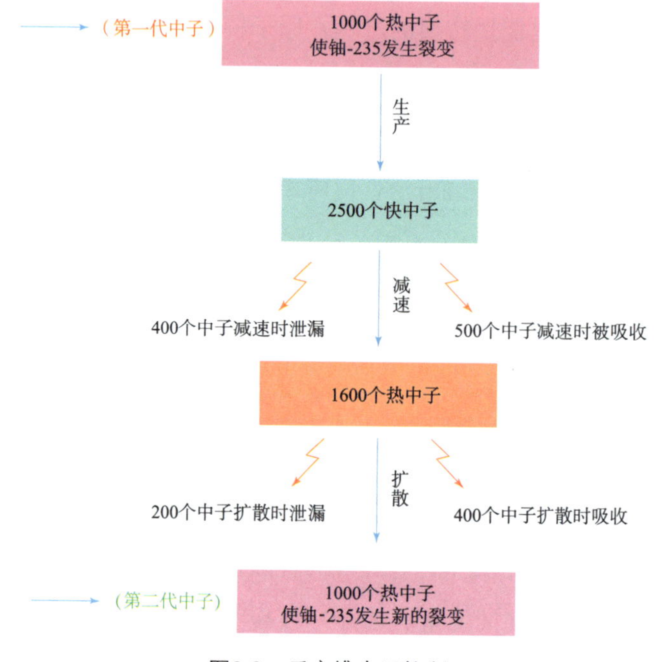

图3.3　反应堆中子控制

第三，反应堆利用冷却剂不断降低裂变反应释放的热量，并且有注水、应急冷却、紧急停堆等措施确保链式反应平缓地进行。

第四，核电站反应堆的设计与建造严谨周密，采用燃料组件、压力容器、安全壳等三大屏障纵深防御安全体系（见图3.4）。先将核燃料做成难熔的芯块装在燃料棒中，再和镉控制棒一起组装成燃料组件，插入反应堆堆芯，不仅可以防止燃料破碎和熔化，也可以防止放射性物质泄漏到环境中去。新建的第三代核电站还考虑了应对飞机撞击、海啸和九级地震等强大人祸和天灾的措施。

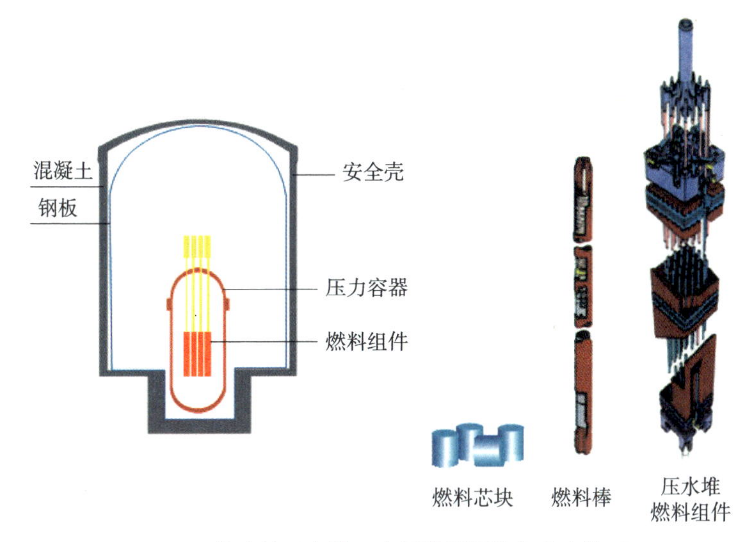

图3.4　核电站反应堆三大屏障纵深防御安全体系

综上所述，不难看出核电是高效、安全的能源。

二、核电是低碳、清洁的能源

核电是低碳、清洁的能源，它不产生有害气体二氧化碳、一氧化碳、二氧化硫、氮氧化物和烟尘。一座100万kW的核电厂，一年只消耗20～30t核燃料；而一座100万kW的煤电厂，一年要消耗200万～300万t煤。煤电厂每天用煤需约100节火车运输，而同样规模的核电厂，全年用的核燃料只需用1辆大卡车运输（见图3.5）。

图3.5　核电厂和煤电厂燃料对比

煤电厂不仅消耗多，排放也多。一座100万kW煤电厂一年排放的废气如表3.1所示。

表3.1　一座100万kW煤电厂一年排放的废气

组份	二氧化碳	二氧化硫	氮氧化物	一氧化碳	颗粒物
数量	600万~700万t	5万~10万t	2万~3万t	3~6kt	2~3kt

一座100万kW压水堆电站一年少排放二氧化硫1.7万t，少排放氮氧化物400万t。低碳排放有重大意义。大家知道温室效应的危害。温室效应使全球气候变暖，预计到2100年，全球平均气温将升高1.5～6.0 ℃，导致南、北极冰川融化，雪山消失，海平面上升，许多海岛可能被淹没。厄尔尼诺现象使一些地区暴雨成灾、洪水泛滥，而另一些地区则久旱无雨、草木干枯、颗粒无收。此外，还有的地区会发生极端超强暴风雨和超强暴风雪。我国提出的“碳达峰”和“碳中和”双碳目标，受到世界的赞誉，而核电对于实现“双碳”目标与环境保护目标是一种有力措施。

三、核能具有供热、供暖、产氢等多功能

核能除用来发电外，可直接用它的热能进行供暖、供热、制氢、炼钢、海水淡化等。

（一）核能供暖供热

核能供暖、供热已在我国的辽宁红沿河、浙江秦山、山东海阳和江苏田湾核电站实现。辽宁红沿河核电站建立了核能供暖示范工程，在2022年11月正式起运，据测算，每年减少耗煤量5726t，减少烟尘排放量209t，减少二氧化碳排放量1.41万t，减少二氧化硫排放量60t，减少氮氧化物排放量85t，减少灰渣排放量2621t。浙江海盐秦山核电站供热工程，年供热28.8万GJ，节约标准煤约1万t，减排二氧化碳约2.4万t。山东海阳核电站核能供暖工程“暖核一号”，计划供热面积3000万m^2，可满足100万人口的供暖。江苏田湾核电站的工业供热工程已全面开工建设。

核能供暖基本原理是以核电厂汽轮机抽取部分发过电的蒸汽作为热源，将热量送给热力公司，再经市政供热网络传递给终端用户，如图3.6所示。

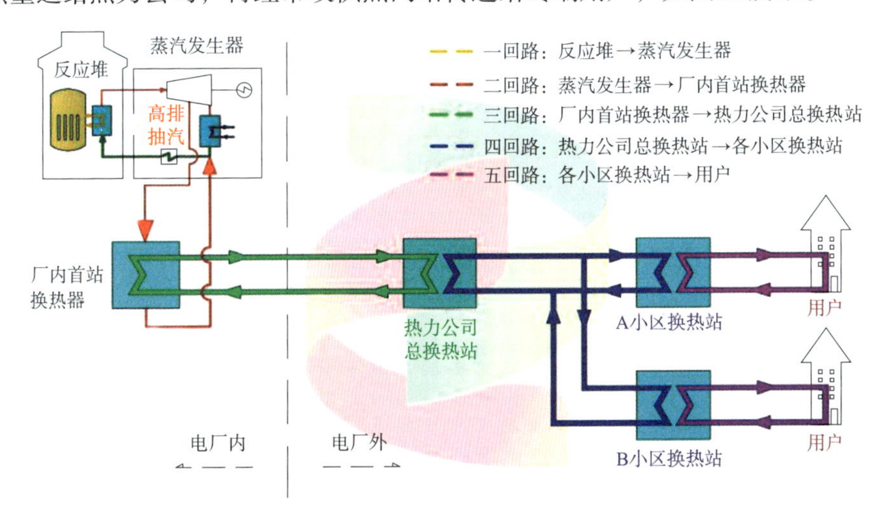

图3.6　核能供暖示意图（《中国电力报》2022-06-08）

由图3.6可看出，核电站与供暖用户之间有多道回路进行隔离，每个回路之间只有热量传递，没有水的交换，实现只传热不传质，用多级物理隔离，不会有放射性物质接触用户，无放射性风险。山东海阳核电厂“暖核一号”已安全稳定运行3个供暖季。全世界在运行的反应堆中已有超过1/10的核电机组实现热电联供，已累计安全运行约1000堆年。

（二）核能制氢、炼钢

（1）核能制氢。氢气的用处很多，如炼钢，炼油，制氨，冶炼有色金属钨、钼，制备半导体高纯锗、硅，制造燃料电池，用作车辆燃料、化工催化剂和还原剂，充入气球和飞艇，此外，氢氧焰可用于焊接和切割等。

氢气的制备方法很多，主要有如下方法：

①核能电解水制氢，成本低，质量好。

②水煤气制氢。

③矿物燃料（焦炉煤气冷冻、石油热裂合成气、天然气副产品）制氢。

④生物质原料热解制氢。

（2）核能炼钢。传统的钢铁冶炼过程是先在高温下利用焦炭将铁矿石还原，得到生铁，再经过熔炼，降低含碳量（一般碳含量<2%），最后制得钢产品。现在开发的氢能冶金技术是利用氢气还原代替焦炭还原，不释放二氧化碳，实现绿色冶金。目前，中国核工业集团有限公司正在组织联合攻关这项核能制氢与氢能冶金结合的核能冶金技术。

现在，英国正在研究将先进模块化高温气冷堆用于制氢和工业炼钢。

（三）核能海水淡化

海水淡化即利用海水脱盐生产淡水，这对海岛或缺水的沿海居民、海上作业、远洋舰船都有十分重要的意义。海水淡化方法有海水冻结法、蒸馏法、电渗析法、反渗透法等20余种，可分为蒸馏法和膜法两大类，其中蒸馏法、多级闪蒸法和反渗透膜法是主流技术。核能海水淡化主要是指利用核能将海水加热蒸发，然后将水蒸气冷却，获得淡水；或者使海水通过反渗透膜或电渗析膜，获得淡水。

山东海阳核电站计划建造30万t/d海水淡化能力，“国和一号”示范工程计划建造10万t/d海水淡化能力，山东核电公司计划建成产3000万t/a～1亿t/a淡水供应能力的核能海水淡化工厂。

四、核能在航天和极地航运中的应用

人类在月球或火星进行长期太空活动，需要大量的能量持续供应，且不受环境影响，空间反应堆受到青睐。核反应堆可为火箭、宇宙飞船、人造卫星、航母、巡洋舰、驱逐舰等提供动力。在太阳系以外飞行，无法利用太阳能，核能成为唯一的选择。航海去南极或北极，核动力破冰船是最好的选择，其功率大、破冰效能高、载物量大，并且可以实现远距离航行。装有核动力驱动装置的航母、巡洋舰、驱逐舰和潜艇，可以形成一支具有强大战斗力的舰队。

美国去火星的“2020新核动力火星车”采用了大功率的混合核电推进系统。目前美国正在研制超小型模块化反应堆（Ultra Small Modular Reactor，简称USMR）和一项称为 “蜻蜓计划”的放射性同位素动力系统。

（一）空间反应堆

长期载人的大型宇宙飞船、宇宙空间站和大型通信卫星，需要功率在几千瓦以上的电源，尤其是军用航天武器及太空武器，需要较大的动力和电能，因此微型高功率空间反应堆是最理想的能源，它有以下优点：

（1）体积小、质量轻、功率大、使用寿命长，能运行几年到几十年。

（2）抗电磁波干扰和抗宇宙射线能力强，生存能力强。

（3）不依赖太阳，可全天候工作，隐蔽性和机动性好。

大功率卫星、深空探测器都需要大功率、长寿命的空间能源，空间反应堆是最好的选择。俄罗斯研发的空间反应堆采用高浓缩铀做燃料，金属钠-钾或锂做冷却剂，将核裂变反应产生的能量以静态或动态的转换方式转换为电能和推进动力。目前开发的空间反应堆电源，还只有几十千瓦到几百千瓦。1965年以来，美、俄已将数十个空间反应堆送入太空。目前我国空间反应堆电源技术已取得重大进展，已研制出用于月球和火星探测任务的1MW功率空间反应堆，其原理是通过太阳能电池板将太阳能转换为电能，这种技术仍存在夜间不能发电的问题。现在，我国液体金属锂冷却空间反应堆装置的研究已获得成功。

（二）水上反应堆

1957年11月5日，苏联“列宁号”核动力破冰船下水，这是世界上第一艘用反应堆驱动的核动力破冰船，排水量为16 000 t，船长为134 m，发动机功率为44 000 hp①。破冰船上有2架直升机，船内有约1000个船舱，可以连续航行400天不换料。俄罗斯现有4艘大型核动力破冰船在运营，计划2035年前还要再建8艘。

俄罗斯利用浮动平台建造了可移动核电站，命名为“罗蒙诺索夫院士号”海上浮动核电站（见图3.7），于2019年8月23日下水。该核电站船长140 m，宽30 m，高10 m，排水量21500 t，住有70多名船员，安装了2座35 MW水上反应堆，能抵御海啸和其他自然灾害。“罗蒙诺索夫院士号”海上浮动核电站主要为俄罗斯北极和远东地区的偏远工矿企业、港口城市以及海上油气平台提供电力，现已成为世界上最北端的核电站。俄罗斯国家原子能公司（Rosatom）计划在2028年之前建造4台浮动式核电机组，到2030年可出口6台。在首台浮动式核电机组运行后，俄罗斯圣彼得堡波罗的海造船厂设计并建造了结构更简单、功率更大，不用频繁换料，性能更先进的以浮动式核电机组为动力的破冰船。

① 1hp≈735.5W。

图3.7　“罗蒙诺索夫院士号”海上浮动核电站

五、人造小太阳核聚变发电

太阳有如此巨大的能量是因为太阳上不间断地发生H-H，C-N-O的核聚变反应，每秒有6.57亿t氢聚变生成6.53亿t氦，质量亏损0.04亿t，亏损的质量转换为巨大的辐射能，普照宇宙（见图3.8）。

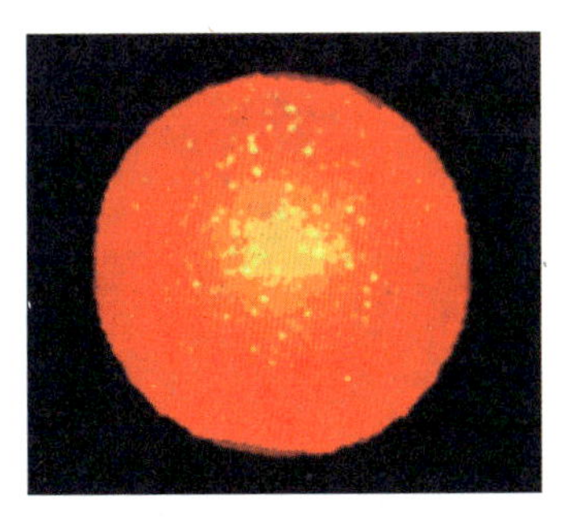

图3.8　太阳上的核聚变反应生成辐射能普照宇宙

核聚变反应堆就是俗称的“人造小太阳”。在法国卡达拉什核研究中心进行的国际热核聚变实验反应堆（ITER）计划，由欧盟、美、俄、中、日、韩、印等35个国家参加。该计划拟建造一座50万kW的热核聚变实验反应堆，打造一个“人造小太阳”，实现聚变能发电。中国承担这个项目的两项关键技术：

①中子屏蔽技术；②低温超导技术。ITER计划于2006年启动，是当今世界上最具先进性、创新性的高科技项目，也是难度最大、任务最重的超大合作工程项目。该计划原定10年内建成，但在实施过程中，遇到很多问题和困难。现在，不仅计划延期，而且经费超支也比较严重。

实现受控核聚变技术复杂，难度非常大。氘、氚原子核都带正电，要使两者聚合，需要以下条件：

（1）1亿℃的高温。

（2）约束这些等离子体达到一定密度（>100万亿个/cm^3）。

（3）保持一定时间（1000 s以上）。

现在研究核聚变发电有两条途径：

（1）磁约束聚变：其主要形式为托卡马克、仿星器、磁镜三种装置，其中，托卡马克装置发展最快，目前处于领先地位。

（2）惯性约束聚变：Z箍缩形式最具发展潜力。

我国合肥等离子体所的超环托卡马克装置——东方小太阳（图3.9），高11m，直径8m，重44t，约为国际ITER的四分之一，等离子体电流已达到维持1056 s。

图3.9　合肥等离子体所的超环托卡马克装置

中国核工业集团有限公司西南物理研究院自主设计并建造的中国环流器HL-2M装置（图3.10），取得了等离子体电流突破100万A的好成绩，向聚变点火迈出了重要一步。

图3.10　西南物理研究院的中国环流器HL-2M装置

据报道，美国劳伦斯·利弗莫尔实验室在一个实验性核聚变装置中实现了净能量增益，激光器消耗能量2.1MJ，产生了2.5MJ能量。中国原子能科学研究院和上海光机所等单位，都在做激光聚变研究。实际上，美国花大本钱进行此研究的目的，主要不是为开发能源，而是为军工目的。

核聚变反应产生的能量是核裂变反应的4倍。理论上讲，只要有几克核聚变反应物质就可能产生万亿焦耳的能量。要实现核聚变工业化发电运行，没有原理上的障碍，但技术上难度非常大。据科学家估测，实现核聚变的商业运行，还需要四五十年的努力。现在，科学家们正在奋力攻坚，争取早日实现这一目标。

核聚变发电可利用多种核反应，现在多数专家认为，核聚变发电可分三代进行：

第一代：氘＋氚（D＋T）→ 4He＋n（中子）＋17.6 MeV

第二代：氘 + 氦–3（D + ^{3}He）→ ^{4}He + p（质子） + 18.4 MeV

第三代：氦–3 + 氦–3（^{3}He + ^{3}He）→ ^{4}He + 2p（质子）+ 12.9 MeV

第1代氘氚聚变反应的条件比较低些，容易实现，所以国内外目前多做氘氚聚变的开发研究。用氦–3进行核聚变条件很苛刻，并且地球上氦–3很少，已知月球上有丰富的氦–3。

据报道，我国磁约束聚变能的开发，规划分为3个阶段：第一阶段，力争在2025年推动中国聚变工程试验堆立项并开始装置建设；第二阶段，到2035年建成中国聚变工程试验堆，调试运行并开展物理实验；第三阶段，到2050年开始建设商业聚变示范电站。

用氦–3聚变发电不产生中子辐射，环保又安全。但氦–3聚变反应需要有足够高的温度和压力，条件甚为苛刻，并且氦–3在地球上的蕴藏量很少，估计只有0.5 t（有称15 ~ 20 t），现在难以满足需要。探测月球发现，月球上的氦–3有100万 ~ 500万 t。月壤中的钛铁矿富存氦–3，经过提取、分离、纯化，就可应用。但是，月壤的挖掘、包装和运输，以及运回来后的冶炼提取、分离纯化，都是很不容易的事。至今，世界上还只有美国、苏联（俄罗斯）两个国家的人登上了月球。

氦–3是高效、清洁、安全、价廉的核聚变发电燃料。氦–3不仅是核聚变发电燃料，而且也是火箭和飞船的燃料，有很多用途。据估算，10 t氦–3能满足我国一年的能源需求，100 t氦–3提供的能量可供全世界使用一年。我国“嫦娥一号”到“嫦娥五号”五次探月已带回约3.7 kg月壤。

第四章

核技术应用遍天下

核技术是指非核动力技术，包括放射性同位素与核辐射的应用。人们利用反应堆、加速器和射线装置以及宇宙射线等，可生产很多种放射性同位素和各类辐射，广泛应用于工业、农业、医学、环保、国防和科研等领域。据2022年底的统计，我国核技术应用产业的产值已达7000亿元人民币，预计到2025年将超过万亿元人民币，其未来的发展不可限量。

一、辐射的产生

核技术利用的辐射主要产生于加速器、反应堆和射线装置。加速器利用（p，n）、（d，n）、（d，2n）、（d，α）等核反应，产生约2/3的辐射；反应堆利用（n，γ）、（d，P）、（α，n）等核反应，产生约1/3的辐射。其中，n为中子，p为质子，d为氚。

（一）加速器

加速器可获得的辐射种类很多，包括α射线、β射线、γ射线、X射线、电子、质子、中子等，能量有低能、中能、高能之分。加速器获得的辐射的能量、强度和方向均可以调节，可精确控制。此外，加速器能随时关闭和启动，工作安全、维护方便。目前，常用的加速器，主要为回旋加速器和直线加速器（见图4.1）。加速器的发展异常迅速，已有好几十种，加速粒子强弱相差达6个量级，由10^6电子伏特到10^{12}电子伏特。加速器的直径已由不足1m发展到2.2 km。

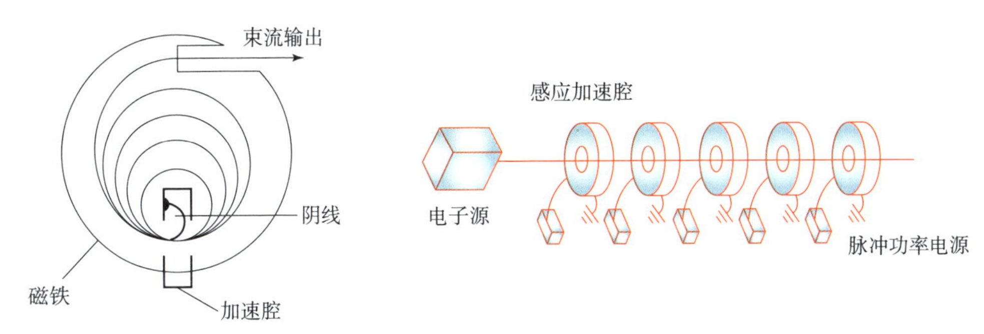

图4.1　回旋加速器（左）、直线加速器（右）示意

加速器实现了“炼金术士”的梦想，古代的“炼金术士”想把铁、铜、铝炼成黄金，但费尽心血，炼出的只是黄铜和青铜。1941年核科学家用加速器真的造出了黄金，这是用加速器产生的质子轰击汞原子，产生了金原子。

汞+质子→金+氦

加速器的应用很广泛，举例如表4.1所示。

表4.1　加速器的应用

应用领域	应用举例
科学研究	核物理、高能物理、粒子物理、天体物理、自由电子激光、新元素合成、制备反物质、核嬗变、聚变研究、核数据测量等
工农业生产	消毒灭菌、探伤、安检、超精细加工、高灵敏度分析、聚合物改性、制造复合新材料、涂料固化、材料改性、培育新品种等
医疗	诊断（同位素，正电子发射断层扫描，肿瘤显像，神经、心血管、呼吸、内分泌、消化、泌尿、骨骼等系统显像，脏器功能测定等） 治疗（用γ射线、电子、质子、中子、光子、重离子、介子等）
环保	烟道气脱硫、脱氮，污泥处理，废水处理，饮用水消毒杀菌等
国防	核爆模拟，闪光照相，电子学器件辐射加固，辐射剂量校正，无损检测导弹、炮弹等

我国医用电子回旋加速器已超过120台。全世界用于辐照的加速器超过1000台，总功率为45 MW。随着科学技术的发展和医疗水平的提高，这些数据指标在不断上升。

（二）反应堆

反应堆有多种类型，核技术利用的反应堆主要是研究堆。研究堆有许多用途，如单晶硅中子掺杂、中子活化分析，中子照相，中子辐照培育新品种，硼中子俘获治疗脑癌等。核技术可利用研究堆生产放射性同位素，如^{60}Co、^{99}Mo、^{32}P、^{131}I、^{3}H、^{14}C等；也可利用高通量反应堆生产高比活度的放射性同位素，用于工业探伤、工业辐照等领域。

研究堆除生产放射性同位素外，其产生的中子有许多重要用途，例如：

（1）中子掺杂。中子掺杂是指利用中子辐照将有用元素掺入半导体材料中。例如，通过中子辐照，可使单晶硅中的硅-31吸收一个中子变成硅-32，硅-32经过β衰变成为磷-32，这样半导体材料中就掺入了磷。中子掺杂均匀性好，可大幅提高产品质量。

（2）中子照相。中子照相是一种优良的无损检测方法，用来判定复合材料中各种元素分布情况，检测航空、航天器件的缺陷、裂痕及腐蚀情况，检测炸药和毒品，以及鉴定文物等。

（3）中子治癌。中子治癌有多种方法。例如，硼中子俘获治疗脑癌，即用反应堆热中子照射注入脑中的硼，使硼俘获中子放出α射线，有效杀死脑癌细胞，并且不会损伤周围健康组织。利用加速器产生的快中子治癌目前也有较多报道。此外，还有一种中子刀治癌，利用放射性同位素锎-252的中子源遥控系统对病灶进行照射，能最大程度杀伤病灶癌细胞，且对周围组织伤害极小。

世界上已建成600多座研究堆，其中不少已关闭或退役，但新的研究堆仍在不断建设中。目前，全世界近60个国家有300多座研究堆在运行。我国第一座研究堆是原子能院的101重水研究堆，正在进行退役。原子能院开发的微型中子源反应堆已出口加纳等6个国家。现在，原子能院的新中子研究堆和国内多个单位合作，拓展中子应用领域，取得了很多成果。

（三）辐射源装置

辐射源装置主要包括钴源装置、铯源装置、镭-铍中子源装置、钚-铍中子源装置、同位素发生器等。

钴源装置的钴源存放在软化水水井中，在使用时将钴源提升上来，对样品进行辐照（见图4.2）。钴源装置以前主要用于辐照中成药、香料、调味品、干果、香肠、腊肉等。现在应用越来越广泛，全世界百万居里级的大型钴源装置已超250座，装源量约为2.5亿Ci①。美国已建造和使用单座超过1000万Ci的大型辐照杀菌装置。大型辐照杀菌装置的特点是大型化、专业化、高度自动化和高运行率。

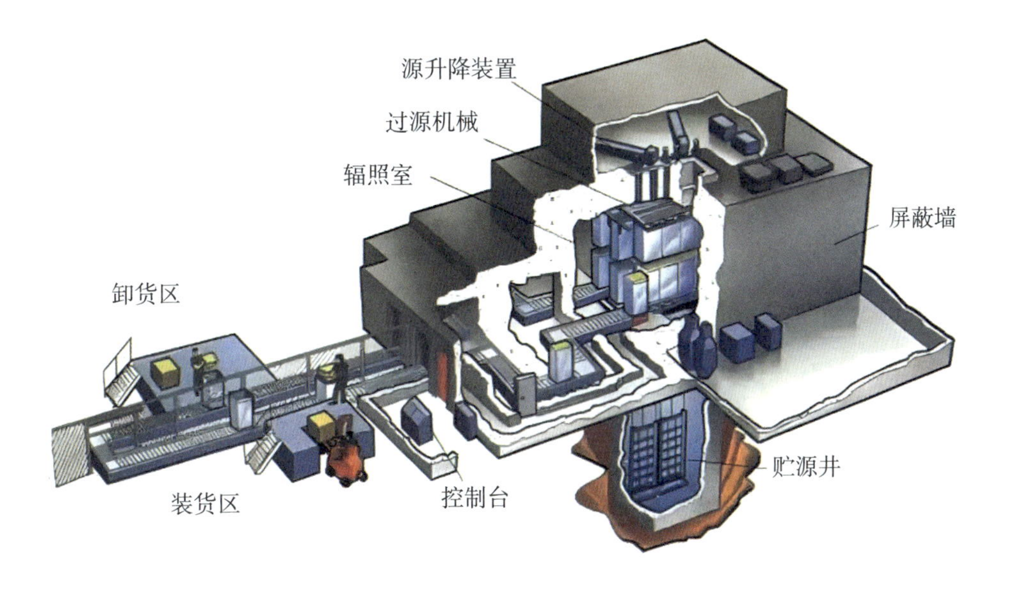

图4.2　钴源装置

同位素发生器俗称“母牛”，过去采用得多的是^{99}Mo-^{99m}Tc母牛发生器。现在，^{68}Ge-^{68}Ga母牛发生器、^{90}Sr-^{90}Y母牛发生器和^{168}W-^{168}Re母牛发生器应用广

① 1 Ci（居里）= 3.7×10^{10} Bq（Bq为放射性活度的国际单位）。

泛，这些母牛发生器我国都有生产和销售。

二、辐射的利用

不同类型的辐射和不同辐射剂量，有不同的应用。不同剂量 γ 射线的辐照应用如表4.2所示。

表4.2 不同剂量 γ 射线辐照应用

剂量水平/Gy①	应用
$10^{-2} \sim 10^{1}$	癌症治疗、植物育种、昆虫绝育灭杀
$10^{-2} \sim 10^{-1}$	抑制土豆、洋葱发芽，杀死害虫
$10^{-3} \sim 10^{-2}$	食品、农产品储藏，文物保存，商品保护，木材、塑料复合材料合成
$10^{-4} \sim 10^{-3}$	饮用水杀菌、废水处理、污泥处理、无菌饲料加工、医疗用品消毒
$10^{-5} \sim 10^{-4}$	热缩性材料交联，电线、电缆辐照交联，聚四氟乙烯降解

利用辐射可制造许多种类的仪器，它们的机理主要有以下三种：

（1）利用辐射在物质中的穿透程度或反射情况，进行探伤、测厚度、测质量、测料位、测密度等，如表4.3 ~ 表4.5所示。

表4.3 各种辐射源应用举例1

辐射源	α 放射源	β 放射源	低能光子源	γ 放射源	中子源
用途	烟雾报警、静电消除、避雷器	敷贴器、仪器刻度	厚度计、密度计、X射线荧光分析仪	辐照装置如钴源、绝源装置探伤、医疗照射、料位计、核子秤、密度计	地质勘探、活化分析、辐照育种、反应堆启动

① 1 Gy = 1 J/kg。

表4.4　各种辐射源应用举例2

	中子源	热源	光源
辐射源	^{210}Po—Be，^{226}Ra—Be ^{227}Ac—Be，^{228}Th—Be ^{238}Pu—Be， ^{241}Am—Be ^{224}Cm—Be，^{252}Cf	^{60}Co，^{90}Sr，^{137}Cs，^{147}Pm ^{210}Po，^{238}Pu， $^{242,244}Cm$	^{3}H ^{85}Kr ^{147}Pm
用途	中子测井 中子启动反应堆 中子启动核爆炸	制备核电池 陆地海洋用^{90}Sr，^{137}Cs，^{147}Pm 航天用^{238}Pu	原子灯 供飞机、潜艇、坦克用

表4.5　各种辐射源应用举例3

辐射源	用途	使用场合
^{60}Co，^{137}Cs	料位计	水泥舱内料位
^{60}Co	液位计	钢铁炉液位、煤气公司石油气罐料位检测
^{147}Pm，^{204}Tl ^{85}Kr，^{90}Sr	厚度计	纸张、钢带、包装材料等的检测
^{60}Co，^{192}Ir	探伤、检漏	锅炉、机械部件的焊缝、磨损装置
^{241}Am	火灾报警， 毒气、毒品检测	会场、厅堂、宾馆、库房火灾报警，毒气泄漏
^{60}Co，^{252}Cf	测井、测水、 测油	测井、找铀矿、找水、找油等
γ射线	核子秤	水泥、煤炭、化肥、化工、盐业、港口、矿山

（2）通过辐射对介质进行电离或激发，可用于治癌、杀虫、灭菌、育种、保鲜、辐射加工等。

（3）将辐射转换为热能、光能、电能，做成热源、光源，或用于发电等。

三、核技术在工业中的应用

辐射在工业方面的应用十分广泛，主要有如下几类：

（1）检测仪表，如测厚度、测质量、测液位、测水分、测灰等装置，检测仪表举例如表4.6所示。测厚度、测液位、测质量及核子秤的原理，如图4.3~图4.6所示。

表4.6 检测仪表举例

检测仪表	使用的放射源	探测的射线	测定对象
核子秤	钴-60源	γ射线	物体质量
密度计	铯-137源 钆-153源 镅-241	γ射线 γ射线 γ射线	金属物体 骨密度 煤
料位计	钴-60或铯-137源	γ射线	化工厂槽罐的液位
水分仪	中子源	快中子	土壤、砂中的水分
测厚仪	铯-137源 钷-147源或氪-85源 钚-238源 钴-60源	γ射线 β射线 γ射线 γ射线	金属板材 纸、塑料膜、胶片 磁带 金属管壁
测灰仪	镅-241源	γ射线	煤

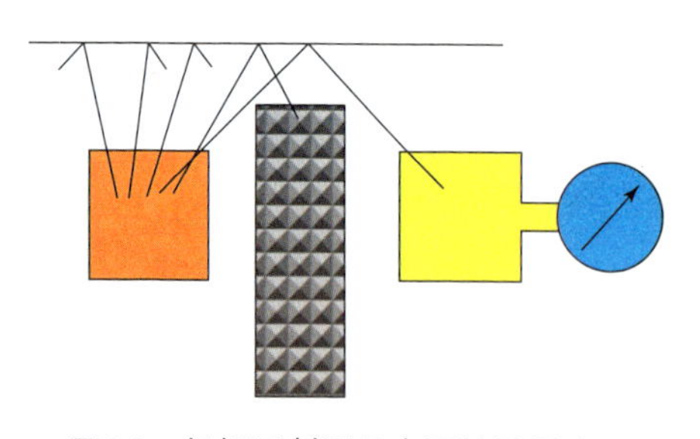

图4.3 根据反射测量表面涂层厚度

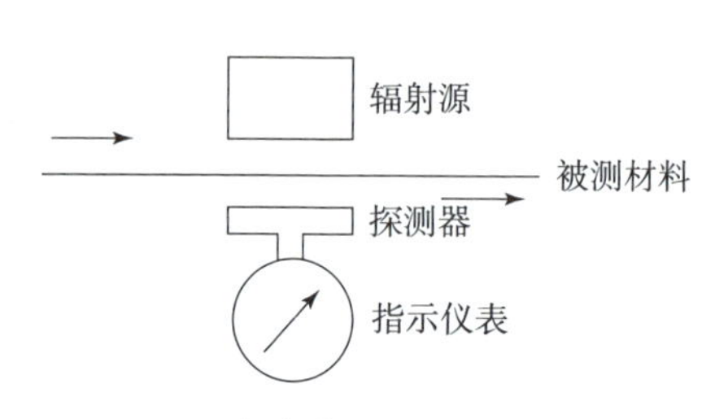

图4.4 根据辐射穿透程度测量厚度

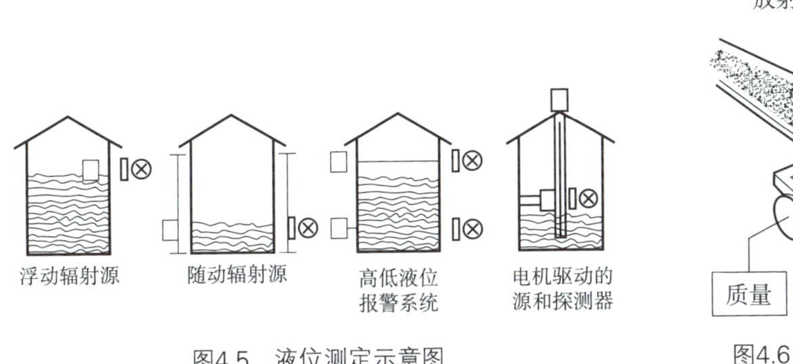

图4.5　液位测定示意图

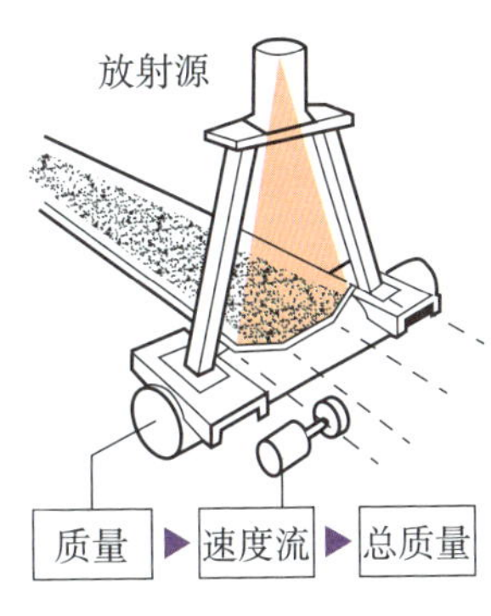

图4.6　核子秤示意图

（2）通过材料辐照改性可制备航空、信息、国防等领域需要的许多高性能材料。

①通过辐射交联、辐射接枝、辐射裂解等方法可生产高强度、耐高温、抗老化、耐火、防腐的优质材料。

②通过辐射可进行涂膜、涂层，表面陶瓷化，金刚石化。电子束辐照可将油墨、涂料、黏合剂均匀涂在线路板、光纤、光盘、木材、塑料、汽车、冰箱钢板等基体上。

③通过辐射可进行离子掺杂，改善半导体器件、发光器件、微波器件、超导材料、红外器件等的特性。

④辐射的固化、硫化性能可使喷漆彩印迅速固化提高乳胶品、橡胶品，以及各种辐照塑料管加工速度，效率高、节省能源，并且可实现零废物和零排放。一些辐射固化产品如图4.7所示。

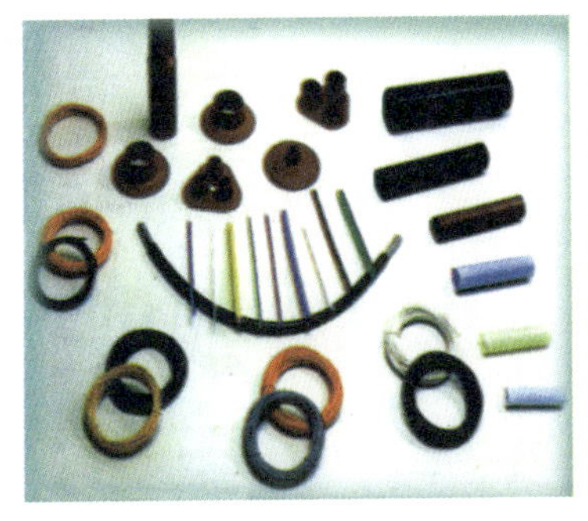

图4.7　辐射固化产品

（3）消除静电、避雷、火灾报警。

（4）原子灯、长明灯、太空电源。

（5）用中子活化分析、带电粒子活化分析、光子活化分析可进行材料科学、生命科学、地球科学、矿物学、环境学、考古学、法医学等领域的检测，灵敏度高，用样量少，可同时进行多元素测定。

（6）利用辐射进行检测、安检。如设在车站、机场、码头、会场等处的安检设备，包括安检门、行李X射线安检装置（如图4.8）、检查人员的手提探测器，液体、毒品、爆炸物探测，集装箱、货车检测，飞机、车辆底部检测等。各种检测安全可靠，万无一失，可确保环境和公众安全。

图4.8 安检设备示例

（7）探伤、检漏，如无损探伤和地下管线检查（利用氦气和^{85}Kr）。辐射无损探伤原理如图4.9所示。

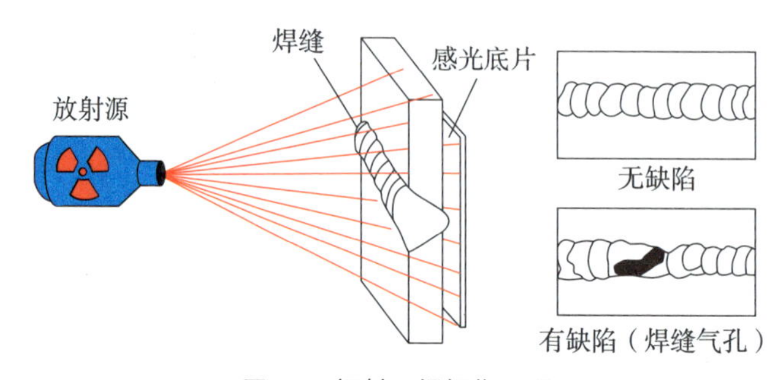

图4.9 辐射无损探伤原理

（8）毒品、炸药、地雷的检测与探找。

（9）废气、废水的消毒净化。

（10）找矿、找油、找水、测井（见图4.10、图4.11）。

图4.10 找油

图4.11 找水

四、核技术在农业中的应用

核技术在农业中的应用非常广泛，例如:培育新品种、消除病虫害、粮食储存、食品消毒杀菌和保鲜、农业科学研究等。利用的辐射射线包括γ射线、X射线、β射线、中子、激光、宇宙射线。照射的对象有：（植物）种子、花粉、无性繁殖器官、活体植株，（动物）禽蛋、鱼卵、蚕菌，等等。

1. 辐射育种

辐射育种有多种机理，例如：①用辐射使生物体内分子电离或激发→DNA结构变化→基因突变；②染色体畸变→扰乱正常代谢→遗传因子改变；③用X射线、γ射线、中子照射种子或植株，引起生物体的电离，改变农作物遗传性，发生变异，再经人工选择和培育，得到优良品种。浙江原丰早水稻、湖北鄂麦6号小麦、山东鲁原1号玉米、黑龙江16号大豆、广东粤油22号花生、江苏南梗34号、宁夏3号、鲁棉343等优良品种就是这样培育出来的（见图4.12）。

图4.12 辐射育种培育出的高产棉花和小麦

据不完全统计，我国种植的农作物品种中辐射培育品种占到20%，种植面积超过1.3亿亩，增加产量达35亿～40亿kg。

2. 太空育种

太空育种又称航天育种，利用返回式航天器将农作物种子送到宇宙空间，利用宇宙空间的强辐射、高真空、微重力、弱地磁场的特殊环境，使农作物种子基因DNA产生遗传变异，回到陆地上后培育，获得产量高、质量好的新品种。一般情况下，新品种需经过五六年的选育和栽培，才能形成商品，进行大规模种植。

我国于1958年发射第一颗人造卫星（“东方红一号”），成为世界上第三个发射人造卫星的国家；2003年我国发射载人航天器，成为世界上第三个能够独立进行载人航天的国家。我国自1987年开始，已经进行了40多次航天育种搭载实验，培育的植物品种有水稻、小麦、豆类、棉花、烟草、蔬菜、瓜果、花卉、中草药和林木等十余类1000多个品种。目前，我国的深空探测器已登上月球和火星，正在培育更多新品种。图4.13和图4.14所示为航天育种培育的南瓜和冬瓜。

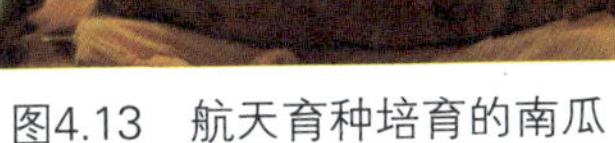

图4.13　航天育种培育的南瓜

图4.14　航天育种培育的冬瓜

全球已有 100 多个国家利用基因辐射改良粮食作物、经济作物、花卉、苗木等。全球共培育了 3000 多个基因突变农作物品种，辐射育种新品种播种面积达千万公顷，每年增产粮食 30 亿 ~ 40 亿 kg。

3. 消除病虫害

辐射消除病虫害的一种著名方法是雄性不育辐射杀灭法，如放出经辐照的雄性大实蝇，让大实蝇无繁殖能力，消除其对柑橘的危害。这种雄性不育辐射杀灭法，比农药灭虫安全，副作用小。利用此法，大实蝇对柑橘的危害指数由原来的7.5%下降到0.005%，效果十分显著。

粮食储存过程中容易长蛀虫，利用图4.15所示的粮食辐照装置对粮食进行预处理，再储存，可以实现长期安全储存。

图4.15　粮食辐照装置

4. 处理废水和废气

利用电子加速器处理废水国外已有应用。中国广核集团有限公司和清华大学联合自主研发利用电子束处理特种废物，包括有害废水、印染废水、制药废水、抗生素卤渣、化工园区废水、煤化工焦化废水、垃圾渗滤液等。目前已在山东省菏泽市东明县建成首个化工园区废水处理示范项目。

利用电子加速器处理废气，可以消除废气中的二氧化硫和氮氧化物，实现达标排放，减少酸雨的危害作用，并且还可回收利用硫和氮。

5. 辐照灭菌

食品保存常用的灭菌方法有高温灭菌法、低温冷冻法和化学法。化学法采用溴代甲烷，有残留物，破坏臭氧层。辐照灭菌是将新鲜的鱼、虾、牛肉、羊肉、鸡鸭肉清洗之后装塑料袋抽真空密封，再用^{60}Co、^{137}Cs辐照源或电子加速器进行辐照，灭菌效果显著，与常用的高温灭菌法的比较如表4.7所示。现在，从商店买到的封装食品，拿回家打开即可食用，非常方便和安全。

表4.7　食品高温灭菌和辐照灭菌比较

处理方法	处理时间	灭菌效果	外观和味道	可食用期	成本
高温灭菌	5 ~ 6h	无法杀灭幼虫	变差	缩短	高
辐射灭菌	15 ~ 20min	100%灭菌	不变	几乎不变	低

6. 辐照保鲜

水果放在家里不出几天就会变干或腐烂，土豆、大蒜、洋葱放一段时间就会长芽，不能食用。若采用辐照处理，则可保鲜和抑制芽细胞的生长发育。辐照不发生核反应，不产生放射性，无放射性污染。经辐照保鲜的哈密瓜储存5个月，好果率90%；苹果、梨经辐照保鲜可保存8个月，且色、香、味基本不变；土豆、大蒜、洋葱经辐照保鲜可储存200天不长芽，干果不出虫；酒经辐照保鲜提高醇香度，相当于放置几年到几十年；猪肉、香肠经辐射保鲜可长期保存；宇航员食品也采用辐照保鲜技术。全世界辐照食品的销售量达百万吨。图4.16

所示为采用及未采用辐照保鲜技术的土豆和洋葱的对比。

未辐照　　受辐照　　受辐照　　未辐照

图4.16　采用及未采用辐照保鲜技术的土豆和洋葱的对比

辐照食品不会产生毒副作用，卫生安全，原因如下：

①辐照属于冷加工处理，没有添加剂和化学药品。

②不产生放射性，没有辐射物残留。

③不污染环境。

20世纪70年代末，全球42个国家对市场中200多种辐照食品的营养质量、毒理学和生物学的安全性做了大量研究，世界权威性组织联合国粮食及农业组织（Food and Agriculture Organization of the United Nations，简称FAO）、国际原子能机构（International Atomic Energy Agency，简称IAEA）、世界卫生组织（World Health Organization，简称WHO）组成辐照食品卫生安全性联合委员会（JECFI），对辐照食品进行检测最后得出结论：辐照食品不存在毒性问题，其营养价值也不受影响。

全球24个国家从毒理学、营养学、微生物学等方面合作研究10年得出结论，用低于10kGy剂量的射线辐照食品，不产生放射性，不产生有毒物，不破坏营养价值，没有致病作用，不影响人体生长、发育和遗传。我国于1996年颁布《辐照食品卫生管理办法》，于1997年颁布《辐照食品类别卫生标准》。

现在全球57个国家批准了食品辐照技术的应用，每年辐照食品超过70万 t。美国、日本及多数欧洲国家禁止采用二溴化乙烯、二氯化乙烯和环氧乙烷对食品进行处理。

7. 农业科学研究

同位素在农业科学研究中也有广泛的应用。

①研究植物光合作用，可促进植物光合反应，提高产量和质量。

②研究植物对氮元素、磷元素、钾元素和微量元素的吸收，可提高化肥的有效性和植物的固氮作用。

③研究杀灭病虫害，可跟踪了解农药和杀虫剂的正、副作用及其分布和影响。

④研究植物生长刺激素的作用。例如，采用^{226}Ra–Be中子源照射柞蚕卵刺激蚕卵生长，可减少蚕病、提高丝质。

⑤可测定土壤中水分含量，水流向、流速。快中子在含氢物质（水、油）中容易被减速，减速中子与物质发生（n，r）反应，放出γ射线。探测γ射线即可了解岩层里含氢物质的量。

五、辐射在医疗方面的应用

1895年伦琴发现X射线，1902年居里夫妇发现并提取镭元素，然后X射线和用镭广泛应用于医学领域。20世纪50年代，钴–60治疗机首次投入临床使用，医疗用电子直线加速器、质子回旋加速器、重离子加速器迅速发展。我国医疗用加速器已超400台，医用放射性同位素超80种。随着科学和经济的发展，生活水平的提高，人们希望健康长寿、延缓衰老，要求提高疾病诊断准确率与治愈率，实现早发现、早治愈。在这种形势下，核医学开始受到瞩目，其相关诊治手段也在不断发展，X射线透视、X射线片、X射线钡餐造影、计算机断层成像（Computed Tomography，简称CT）、γ相机、正电子发射型计算机断层显像（Positron Emission Computed Tomography，简称PET）、单光子发射计算机断层显像（Single–Photon Emission Computed Tomography，简称SPECT）等相继出现。

对于肿瘤诊治，出现了钴-60治疗机、铱-192后装机、医用加速器、锎-252中子刀、钴-60伽玛刀、锶-90/钇-90敷贴器、钴铯针、介入疗法等各种手段。介入疗法将小放射源放入患者体内病灶周围，可治疗前列腺癌、肺癌、乳腺癌、子宫癌等。

辐射诊疗涉及体检、诊断和治病。目前有很多种核诊断仪器，如核多功能测定仪、甲状腺功能仪、骨密度检测仪、肾图仪、呼气池试验分析仪等。核显像设备也有很多，如CT、PET、SPECT等可精确找到病灶。基于单克隆抗体的肿瘤生物导向治疗也得到广泛应用。

辐射治疗有近程治疗、远程治疗、介入治疗三大类。

（1）近程治疗。近程治疗是指将放射源引入体内脏器、组织，或将放射源敷贴在病灶表面。例如，服用碘-131治甲状腺疾病，或利用放射支架、敷贴器（^{32}P、^{90}Sr/^{90}Y、^{143}Sm）治疗皮炎、血管瘤、前列腺病、眼病等疾病。

（2）远程治疗。远程治疗是指用X射线（加速器）、γ射线（钴源、铯源、铱源）、电子束（加速器）、质子、中子、α-粒子、氘核、碳-14、介子、γ刀、光子刀、中子刀、质子刀进行治疗。

（3）介入治疗。介入治疗是指将特制、封闭的线状、针状小源（种子源）植入体内病变组织中，再进行照射。介入治疗包括以下两种治疗方式:

①永久性植入种子源。该方式多用^{125}I、^{103}Pd、^{198}Ir等短半衰期同位素，目前以^{125}I最常用，治疗前列腺疾病效果明显。

②非永久性植入种子源。

放射性同位素在医疗领域有着广泛的应用，其主要用途为诊断、治疗以及病理学、药理学研究。几种常用于诊断的放射性同位素如表4.8所示。

表4.8 几种常用于诊断功能的同位素

同位素	功能
锝-99m	肺通气显像、肺灌注显像、肺断层显像、肝胆显像、脾显像、心血管显像、肾血流功能显像、脑血流显像、脑显像、脑断层显像、淋巴显像、骨显像、骨断层显像、骨髓显像
碘-131	甲状腺显像、甲状腺癌转移灶显像、甲状腺核素成像、神经外胚层肿瘤显像
铊-201	心肌断层显像、肿瘤或脓肿显像
铟-111	脑池造影
镓-67	肿瘤或脓肿显像

诊断用的放射性同位素要求半衰期短，并和相关人体组织有亲和性，如Tc-99m、C-11、N-13、O-15、I-131、I-135等。放射性同位素I-131对甲状腺肿瘤的诊断和治疗效果显著。放射性同位素Sr-89对骨肿瘤疼痛有良好的缓解作用，可减轻病人痛苦并延长生命。

图4.17所示为放射性肝脏显像照片，可分辨出正常肝脏和患病肝脏。

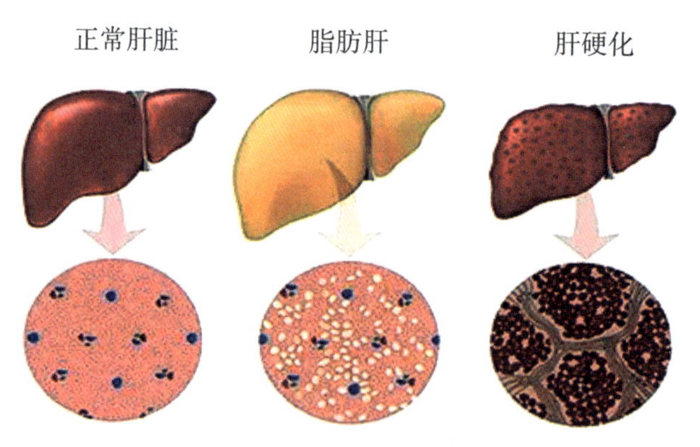

图4.17 放射性肝脏显像照片

在核医学领域，有关人体健康的微剂量学和纳米剂量学迅速发展，放射性药物在传染病检测、诊断和管理中发挥着重要作用。毫米级大小的机器人可进入人体做检查，输出对体内器官检查的信息。除了早已有中子刀、γ刀做手术外，现在正在试制机器人用来为大脑神经做手术。

第五章

核燃料循环的驾驭

铀矿经勘探、开采得到铀矿石，铀矿石经水冶、精炼，生产出黄饼，制成六氟化铀，然后进行浓缩富集，制成反应堆燃料元件，放进反应堆燃烧，再经乏燃料后处理、放射性废物处理，最后放射性废物最终处置，铀的生命周期全过程（见图5.1），受到人类的控制和驾驭。

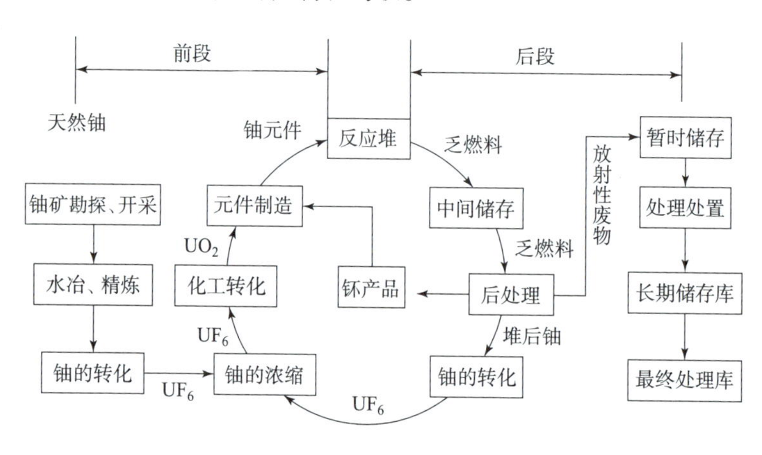

图5.1 铀的生命周期全过程

一、铀矿采冶

铀矿品位低、矿体分散。全世界30多个核电国家和地区中，主要产铀国只有19个，而其中7国储铀量占世界总储铀量的89%，加拿大储铀量占世界总储量的29%，澳大利亚储铀量占世界总储量的22%，哈萨克斯坦储铀量占世界总储量的9%，俄罗斯储铀量占世界总储量的8%，尼日尔储铀量占世界总储量的8%，纳米比亚储铀量占世界总储量的8%，乌兹别克斯坦储铀量占世界总储量的5%。

铀矿石多数呈红、黄、绿颜色。铀的化学性质活泼，不以单质和硫化物形式存在。20世纪50年代初，毛泽东主席指出，我们要不受人欺侮，就要有原子弹。于是开展了全民找铀矿，终于，1954年在我国广西找到了第一块铀矿石，并送到中南海献给毛主席查看（见图5.2）。

图5.2　几种铀矿石和我国找到的第一块铀矿石

早期，铀矿采冶都是地下开采或露天开采，再将大量矿石运送到水冶厂。铀矿石经破碎、磨细、选矿，用化学试剂把矿石中的铀溶解出来。地浸开采是世界上十分先进的采矿技术，铀的浸取法有两种：酸法和碱法。酸法一般采用硫酸，碱法一般采用碳酸钠或碳酸钠和碳酸氢钠的混合液。然后用离子交换或萃取法浓集和除去杂质。最后将沉淀所得的产品，制成粗产品黄饼。铀的采冶流程如图5.3所示。因为铀矿石的品位很低，若从品位为0.1%的矿石中提取 1t 铀，则要处理1000 t以上的矿石，因此，需要庞大的工厂和设备，并且要消耗大量化学物质，产生大量的废液和尾矿砂。

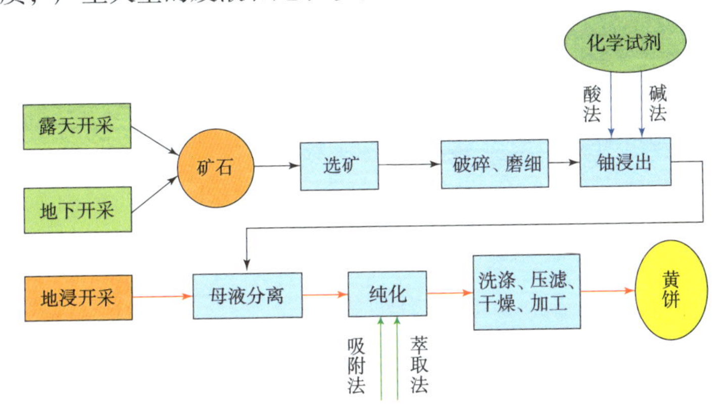

图5.3　铀的采冶流程

目前，我国铀矿采冶形成了以地浸（见图5.4）、堆浸开采和原地爆破浸出开采为主的新型生产体系。砂岩型铀矿采用地浸开采，该方法不必将铀矿石挖出来，而是把酸或碱浸出液直接注入铀矿层，浸取出铀之后，直接把铀浸出液抽出，送到水冶厂加工，制成黄饼，缩简了工艺流程，降低了生产成本，显著减少了废物。

现在科学技术发展日新月异，数字化地浸远程控制中心、地浸采铀大数据智能分析中心，已在我国内蒙古自治区呼和浩特市建成。数字化转型不仅提升了铀矿采冶环节的生产质效，降低了生产成本，更重要的是通过智能化生产，让铀矿山职工从苦脏累的戈壁、草原、大漠回归到城市。这种革命性变革，打破“人跟矿走、风餐露宿”的传统生产模式。沙岩铀矿床在草场的地底下，成为“有矿不见矿，采矿不见形”。数字化的砂岩铀矿山的采冶，实现“千里之外、一屏掌控、一键采铀”的先进方式。

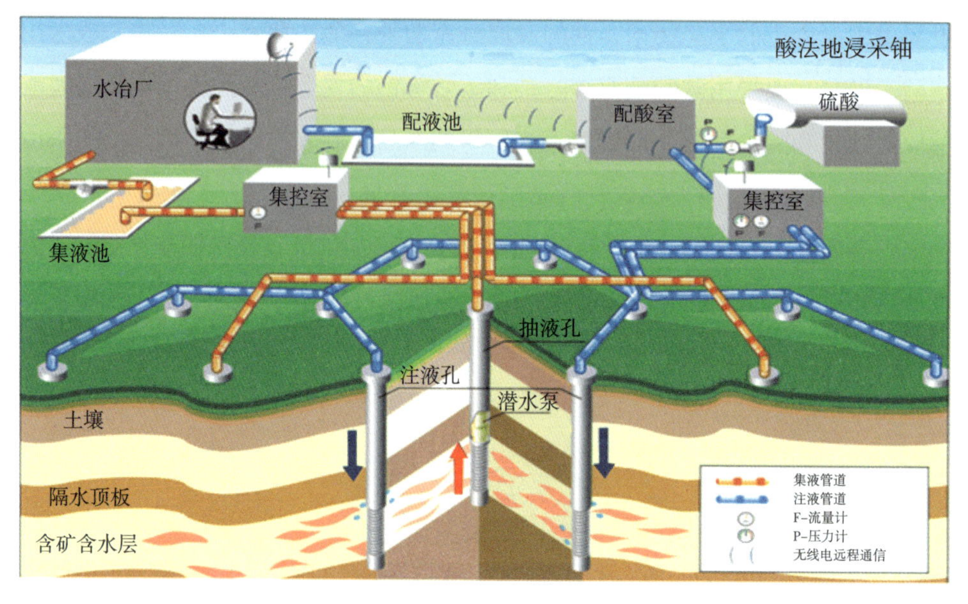

图5.4　铀矿地浸示意图

天然铀中的3种同位素，主要是铀-238，最有用的铀-235仅占0.7%（见表5.1）。铀矿石经加工处理获得中间产品，主要成分是重铀酸铵，黄色，俗称黄饼（见图5.5），由粉碎后的天然铀矿石经多种溶剂萃取和沉淀而得。黄饼中铀-235的丰度仅为0.7%。黄饼制成六氟化铀后可浓缩富集铀-235，具有多种用途。黄饼可转换为二氧化铀、四氟化铀、六氟化铀。

表5.1　天然铀中的3种同位素

同位素	铀-234	铀-235	铀-238
丰度/%	0.0 056	0.718	99.276
半衰期/年	2.45×10^{5}	7.038×10^{6}	4.468×10^{9}
放射性	α	α	α
特性	可裂变物质	易裂变物质	可裂变物质

图5.5　铀矿冶的黄饼产品

二、铀-235的富集

铀-235的浓缩富集方法主要有以下三种（见图5.6）：

（1）扩散法。扩散法已被逐渐淘汰，富集系数小，能耗高，所需厂房大，技术难度较小。

（2）离心法。现在用得多，富集系数较大，能耗较少，所需厂房较小，技术难度较大。

（3）激光法。正在发展，富集系数大，能耗小，所需厂房小，技术难度大。激光法有原子激光法和分子激光法两种 。

不同铀-235丰度的铀，有不同的用途， 铀的分级和用途见表5.2。

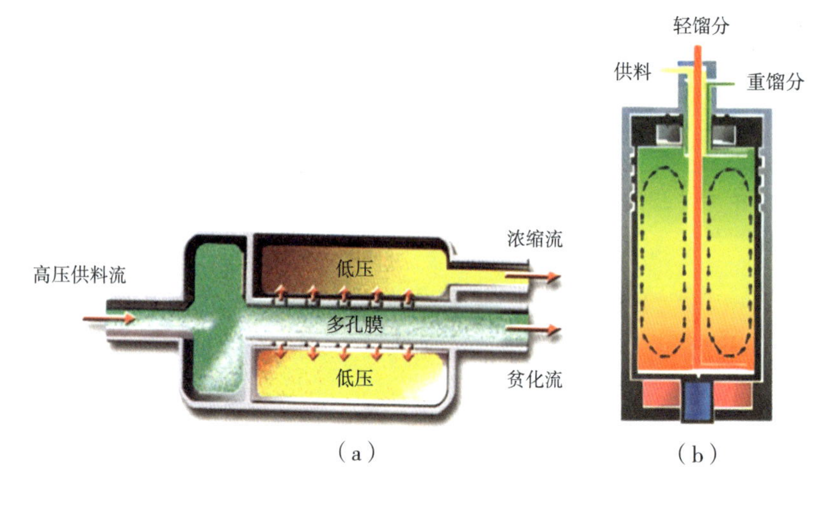

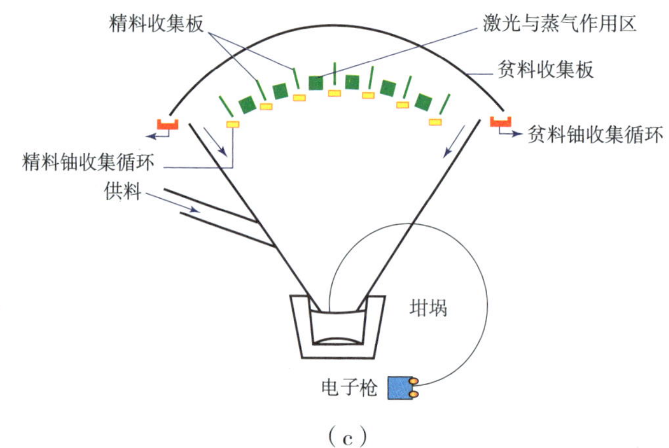

（a）扩散法；（b）离心法；（c）激光法。

图5.6 三种富集铀-235方法

表5.2 铀的分级和用途

铀分级	天然铀	贫化铀	浓缩铀（铀-235）		
			低浓铀	高浓铀	武器级铀
铀-235丰度/%	0.71	< 0.71	≤ 20	≥ 20	> 90
主要用途	重水反应堆	贫铀弹 反应堆中生产钚-239	核电站 研究堆	研究堆	原子弹

三、燃料元件和反应堆

燃料元件的品种很多，各种类型反应堆采用不同的燃料元件。反应堆燃料元件制造，通常先制成芯块，装在燃料元件棒中，和中子控制棒一起组成燃料组件（见图5.7），核电站多用铀-235丰度3%～5%的低浓缩铀。研究堆多用铀-235丰度>20%的低浓缩铀，也有用80%～90%的丰度高浓缩铀，如高通量研究堆。制造核武器需要使用>90%丰度的武器级铀。燃料元件制造精度要求很高，破损率已从万分之一降低到百万分一。

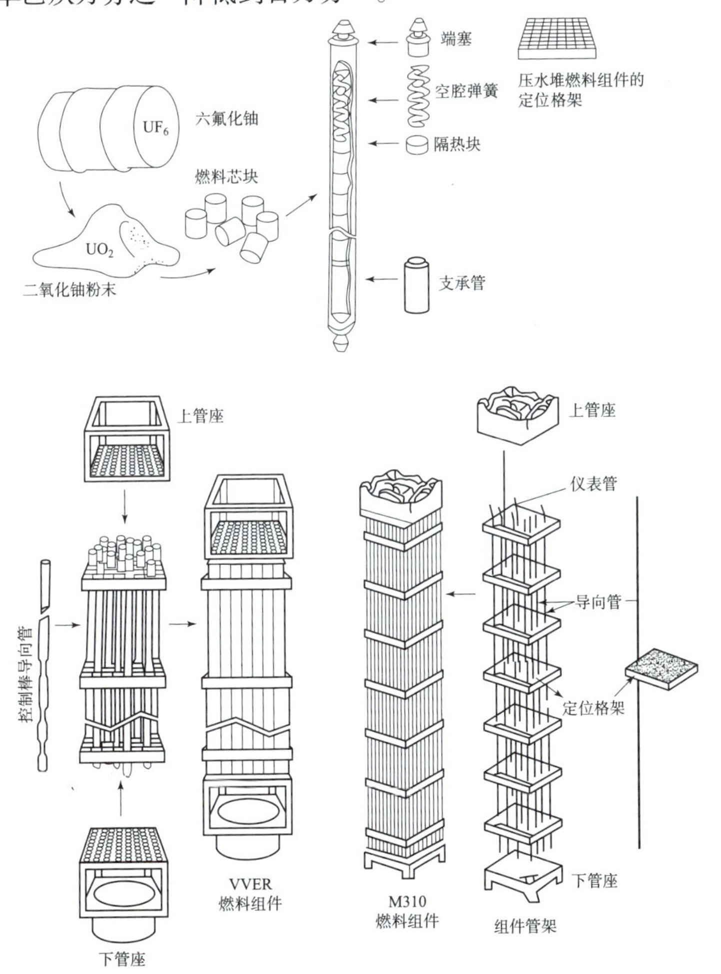

图5.7 反应堆的燃料组件

反应堆的类型有很多种（见图5.8），每种类型的反应堆都有不同的特性和不同的用途。

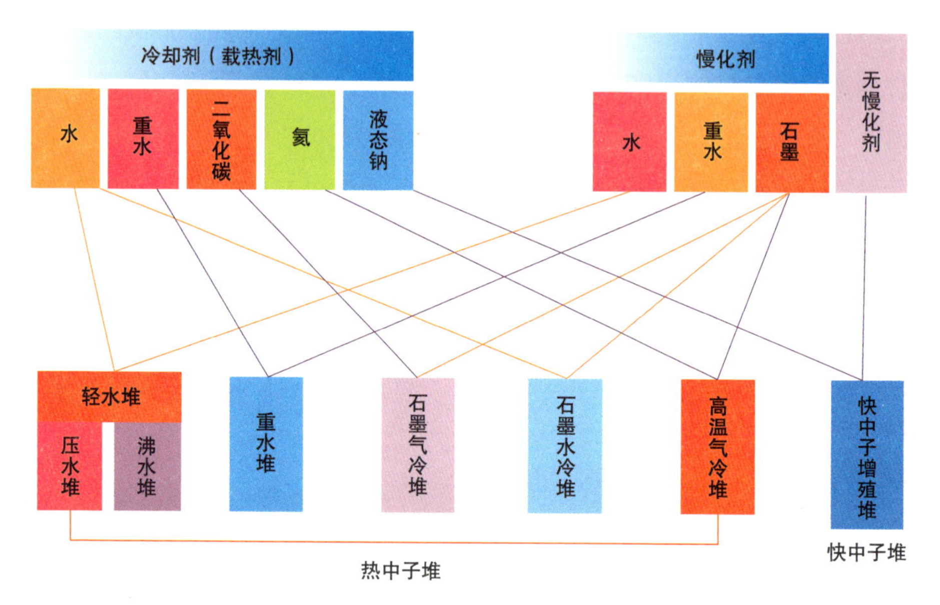

图5.8 反应堆的类型

反应堆按用途主要分为以下4类：

（1）研究堆。研究堆可用于材料研究、中子物理、中子散射、中子掺杂、活化分析、医疗、产氚、燃料燃耗研究、同位素生产等。

（2）生产堆。生产堆可产钚、氚等。

（3）动力堆。动力堆主要用于为核电、核动力船（核航母、核潜艇、原子破冰船）、航天器、宇宙飞船等提供动力。

（4）综合利用堆。综合利用堆除可用于发电外，还可用于供暖、供热、海水淡化、制氢、炼钢等。

四、乏燃料后处理

从核电站反应堆中卸出的经辐照过的燃料称为乏燃料。乏燃料不是核废料，其中含有未燃烧完的铀-235、新产生的钚-239、次锕系核素以及裂变产物，这些都是宝贵的物质 。乏燃料中主要核素组成如表5-3所示。

表5-3　乏燃料中主要核素组成

铀		Pu	次锕系核素	裂变产物（^{137}Cs、^{90}Sr、^{99}Tc、^{147}Pm等）
^{238}U	^{235}U			
≈95%	≈1%	≈1%	≈0.1%	≈3%

乏燃料后处理有多种好处。乏燃料后处理回收的铀-235和钚-239，可用于生产MOX燃料（钚铀氧化物混合燃料），充分利用铀资源，减少低浓缩铀的需求量，改变核燃料循环废物的体积、放射性活度和废物类型。已有不少国家在生产和应用MOX燃料。后处理还可减少要求地质处置的废物体积。乏燃料后处理后，高水平放射性废物体积为 $0.5m^3/tU$，若乏燃料直接处置，则高水平放射性废物体积约为 $2m^3/tU$。

乏燃料后处理工艺成熟、可靠。目前，普遍采用的是湿法普雷克斯工艺流程，乏燃料剪切后用硝酸溶解，再用TBP/煤油萃取，经过萃取和反萃，提取出铀-235和钚-239，工艺流程如图5.9所示。随着科技的发展，乏燃料后处理工艺要用干法代替湿法，这会使后处理废物量与处理/处置要求发生很大变化。干法后处理技术有较大难度，目前尚在研究开发中。

乏燃料后处理产生的废物种类较多，除低、中水平放射性废物外，还有高水平放射性废物、α废物和有机废液，其中含较多长寿命核素，需要重点关注的核素有钚-239、镎-237、镅-241、锝-99、碘-129、锶-90和铯-137等。

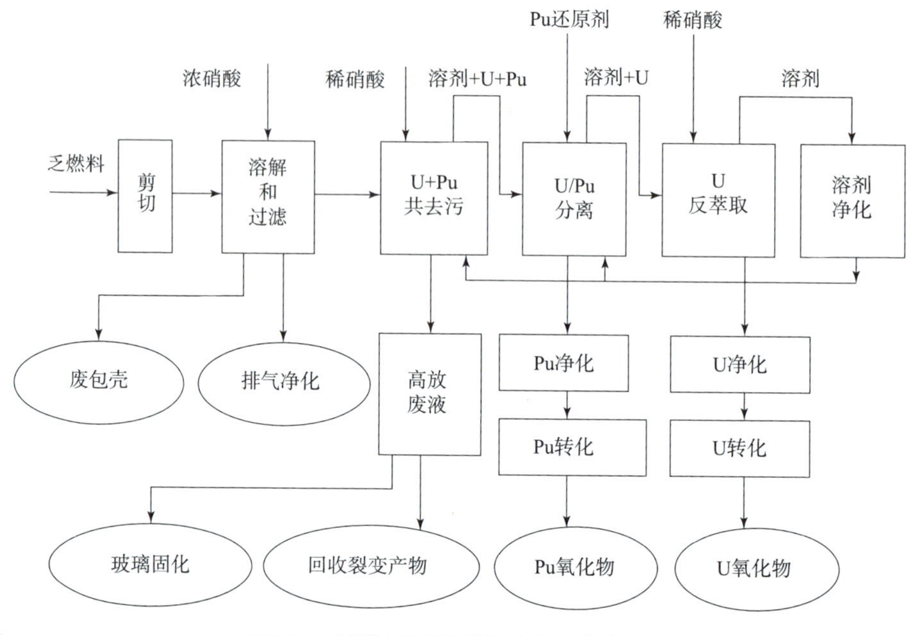

图5.9 乏燃料后处理普雷克斯工艺流程图

五、放射性废物的安全处理

核能、核技术的开发利用与人类其他的生产和生活活动一样，在给人们带来好处的同时，也会产生一些副作用，不可避免地会产生放射性废物。放射性废物的危害作用不能通过化学反应、加热、加压、光照、生物降解等化学、物理或生物方法消除，而只能通过其自身固有的衰变规律或嬗变来降低放射性水平直至达到无害化。目前，对放射性废物的安全监管已有一套科学的程序和方法（见图5.10）。

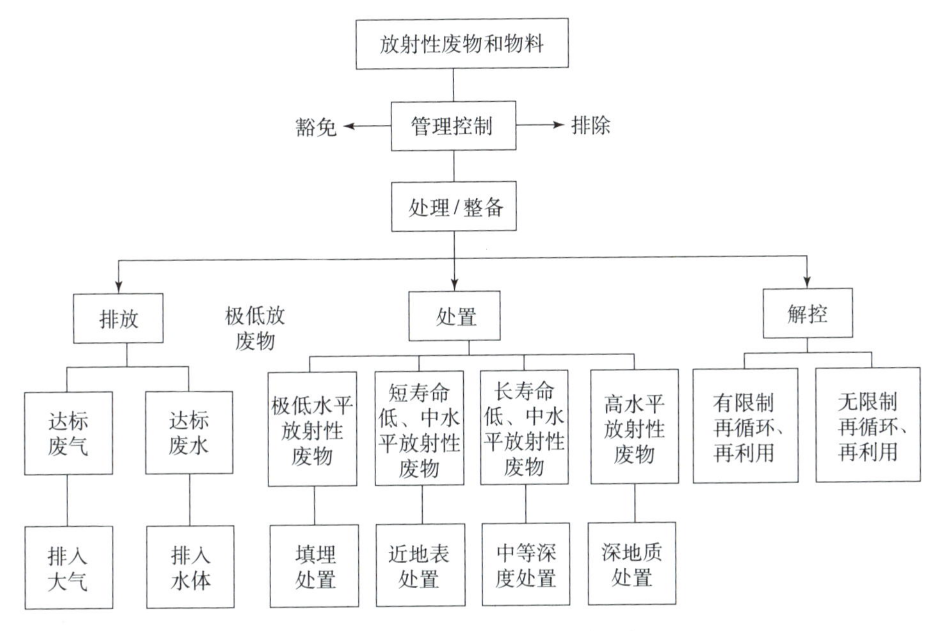

图5.10 放射性废物安全监管程序

放射性废物的处理/处置已经具备了满足要求的技术，目前，可将放射性废物进行分类收集，分类储存，分类处理、处置。不同类别的核设施产生的放射性废物，所含的核素种类、活度、毒性和半衰期都有明显不同（见表5.4），因此，其处理/处置的方法也有所不同。放射性废气和废液有许多处理/处置方法，在处理/处置合格达标后准许排入大气和水体，由相关国标和行标控制，禁止违规操作。固体放射性废物可实行焚烧（见图5.11）、压缩（见图5.12）减容处理。焚烧可将可燃放射性废物减容比达到50～80，超高压缩机可将200L桶装废物减容比达到3～5。此外，还有许多高效、快速、经济、安全的去污方法可供选择（见图5.13），通过优化管理，努力实现废物最少化（Waste Minimization），使放射性废物经过处理向减量化、无害化、资源化方向转变。

表5.4　不同核设施放射性废物中的重要核素

核设施活动	重要核素
铀矿冶系统	$^{238,\ 235}U$、^{232}Th、^{226}Ra、^{222}Rn、^{210}Po、^{210}Pb等
核电厂	^{60}Co、^{90}Sr、^{137}Cs、$^{131、129}I$、^{99}Tc、^{237}Np、^{239}Pu、^{241}Am、^{3}H、^{14}C、^{85}Kr等
乏燃料后处理厂	^{90}Sr、^{137}Cs、^{106}Ru、^{3}H、^{14}C、^{99}Tc、^{237}Np、^{239}Pu、^{241}Am、^{129}I、^{85}Kr等
核研究中心	$^{235、238}U$、$^{238、239}Pu$、^{237}Np、^{241}Am、^{60}Co、^{90}Sr、^{137}Cs、^{3}H、^{14}C等

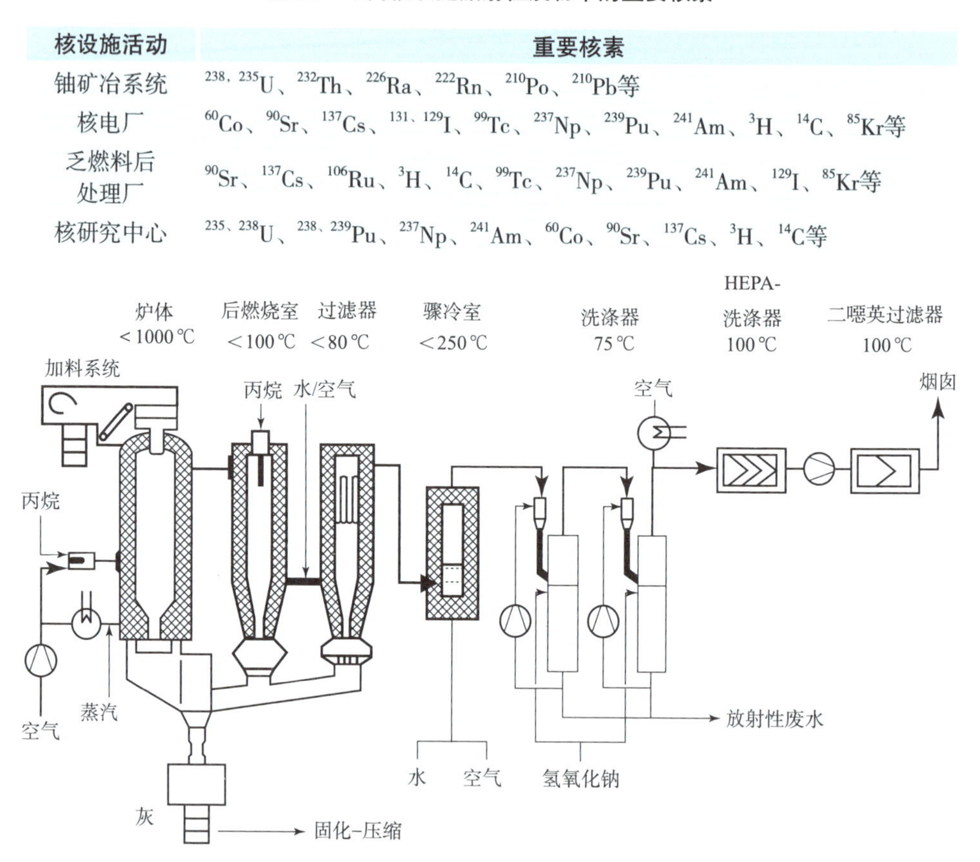

图5.11　对固体放射性废物进行焚烧减容处理

图5.12　对固体放射性废物进行压缩减容处理
超级压缩机（左），200L桶装废物压成饼块（右）

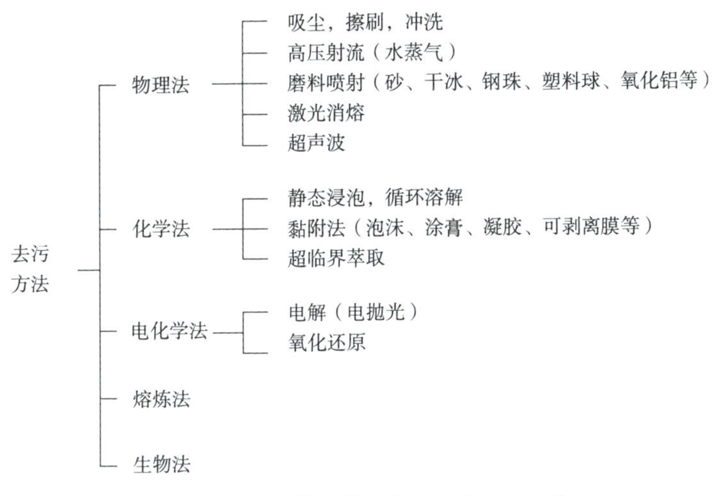

图5.13　固体放射性废物的其他去污方法

六、放射性废物的最终处置

IAEA（国际原子能机构）提出的放射性废物按活度浓度和半衰期分类处置

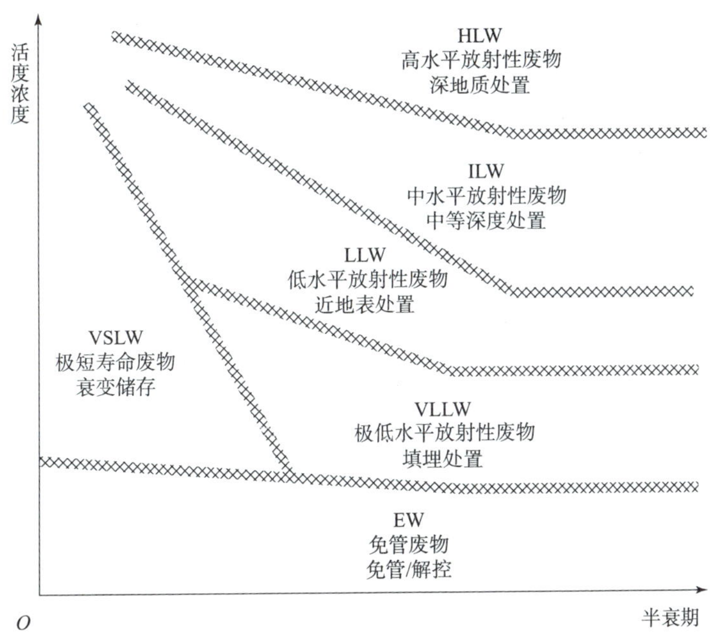

图5.14　放射性废物分类和处置

如图5.14所示。实际上，多数国家倾向于，极低水平放射性废物填埋处置，一般低、中水平放射性废物近地表处置，长寿命低、中水平放射性废物中等深度处置，高水平放射性废物深地质处置。我国现采用IAEA的放射性废物分类和处置法。

1. 近地表处置

一般情况下，近地表处置场选址期为4～6年，审批期为1～3年，建造期为1～3年，运行期为20～30年，封闭期为3～5年，监护期为300～500年（其中有组织监护期为100年）。近地表处置场运行示意图如图5.15所示。我国已建成的甘肃和四川近地表处置场，已经运行多年。沿海地区为处置核电站废物正在筹建近地表处置场。近地表处置场也可建在地面山洞中，我国广东大亚湾核电站正在建这样的处置场。

中等深度处置库主要用于处置长寿命的中、低水平放射性核素废物，我国正在筹建中。

低、中水平放射性废物在处置

处置场加了顶盖

最后种上了植被

图5.15　近地表处置场运行示意图

2. 高放废物的深地质处置

现在，世界上有的国家，如法国、英国、俄罗斯、日本、印度和我国，采取乏燃料后处理技术路线，称闭路循环路线。也有一些国家确定了乏燃料不后处理，如美国、加拿大、瑞典、芬兰、西班牙、意大利等国，直接进行最终处置，称开路循环路线。还有不少国家没有确定下来，持“走着瞧”态度。开路循环路线和闭路循环路线如图5.16所示。

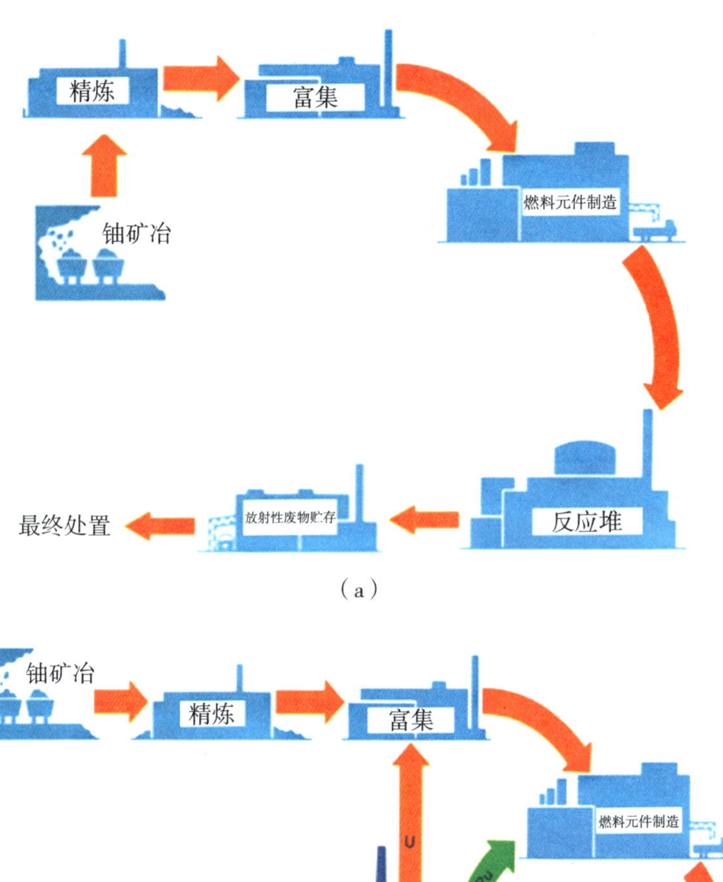

(a)开路循环路线——乏燃料为核废物；(b)闭路循环路线——乏燃料不为核废物。

图5.16 开路循环和闭路循环路线

开路循环路线把乏燃料作为废物直接处置，在处置之前，要把乏燃料冷却贮存几十年，一般用干法贮存，如图5.17所示。

图5.17　乏燃料干法贮存

闭路循环路线对乏燃料做后处理，产生的高水平放射性废液做玻璃固化，固化体经过冷却二三十年之后，做深地质处置。高水平放射性废液处置流程图见图5.18。

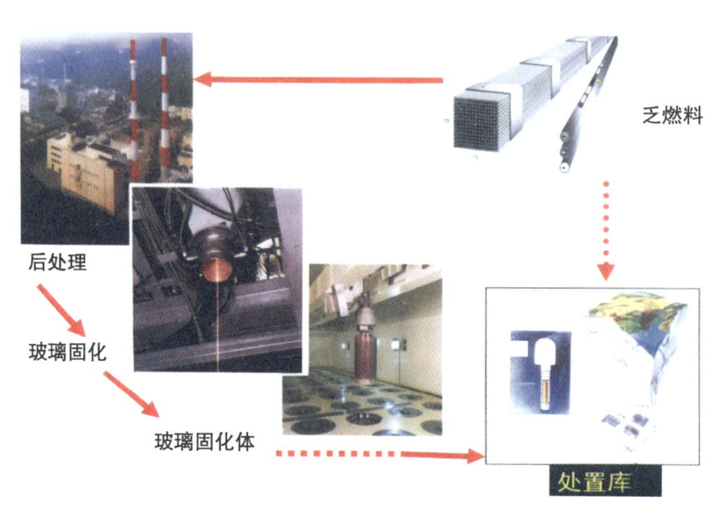

图5.18　高水平放射性废液处置工艺流程图

我国核电站乏燃料用国家许可的专门容器，由专用车辆和专营公司装卸和运输到后处理厂进行后处理（见图5.19）。

图5.19　核工业清原公司在运输乏燃料

深地质处置采用多重屏障体系实现对高放废物长期安全隔离。这多重屏障体系包括人工屏障和天然屏障。

（1）人工屏障：固化体、包装容器、构筑物、回填材料、缓冲区。

（2）天然屏障：围岩、外围土层。围岩（主岩）可选花岗岩、黏土岩、盐岩、凝灰岩、玄武岩等。高水平放射性废物深地质处置是把高水平放射性废物埋置在地表下500～1000 m深度的地质体中，采用纵深防御体系，同人类生活圈隔离起来，使进入人类生活环境的放射性核素量低于允许水平，不给现代人、后代人和环境造成危害（见图5.20）。

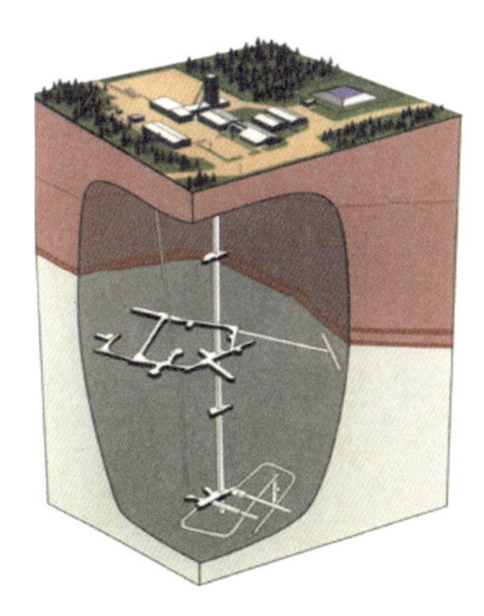

图5.20　高水平放射性废物处置概念设计

高水平放射性废物深地质处置要满足万年以上安全隔离，必须精心选址、设计和建造。现在国际上选址多数为500m以下的花岗岩和黏土岩，构型基本采取两种类型：巷道-钻孔型（见图5.21）和巷道-巷道型（见图5.22）。巷道-巷道型在高水平放射性废物处置后的前期（指处置之后前一百年内）可实现处置的废物回取。可回取设计和建设，无疑要多花费许多投资和增加许多用地面积，不能盲目追求。

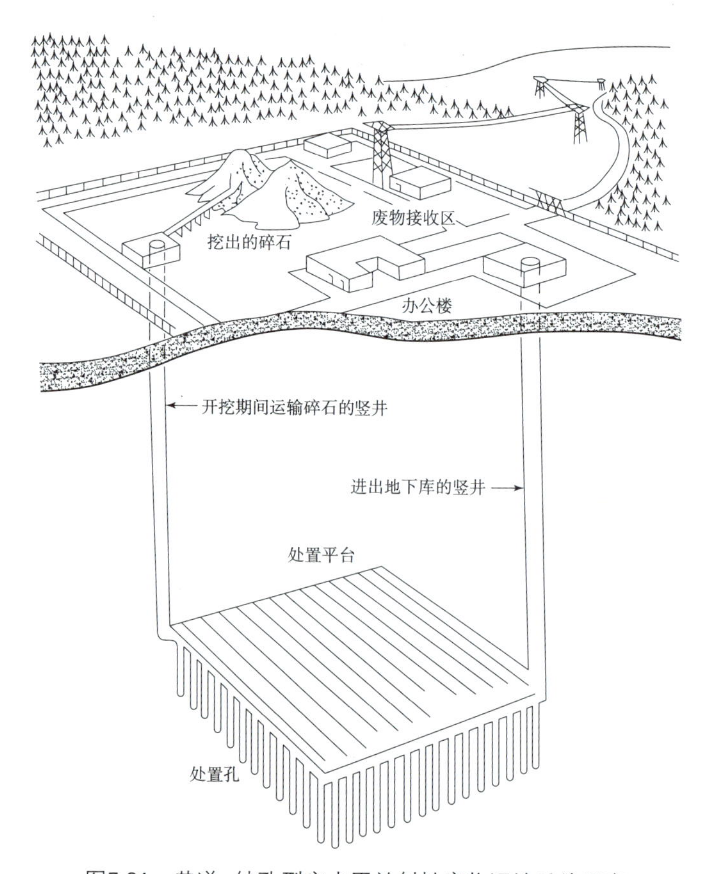

图5.21　巷道-钻孔型高水平放射性废物深地质处置库

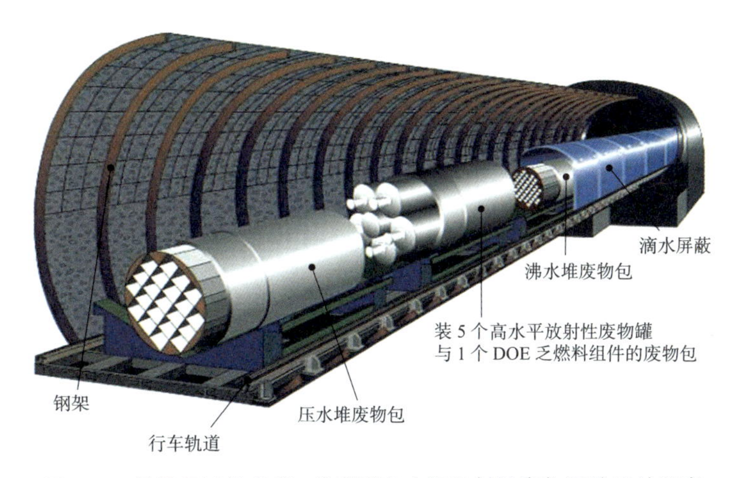

图5.22　美国设计的巷道–巷道型高水平放射性废物深地质处置库

我国对高水平放射性废物深地质处置库的选址做了大量的调查和钻探研究，确定甘肃北山作为预选库址（见图5.23），目前，我国正在建设高水平放射性废物深地质处置地下实验室。

图5.23　高放废物深地质处置库（北山预选场址）

第六章

安全可靠的辐射防护

辐射分为电离辐射和非电离辐射两大类。其能量小于10eV的紫外线、可见光、红外线、微波、无线电波，称为非电离辐射，包括电视塔、高压线、微波炉等产生的电磁辐射；能量大于10eV的X射线、γ射线、中子、β射线、α射线等称为电离辐射。电离辐射分两类：①电子、β射线、质子、α射线等带电粒子直接引起的电离辐射；②光子、中子等间接引起的电离辐射。

人类生活在辐射环境中，受到多种电离辐射。人体中有约100g钾，其中0.01g是放射性核素钾-40，因此，人类从出生到死亡都伴有钾-40的辐照，但这种辐射并不影响人类的生存。此外，在日常生活中辐射随处都有，如乘坐飞机、看电视、吸烟、做X射线检查等（见图6.1和图6.2），这些人们都已习以为常。

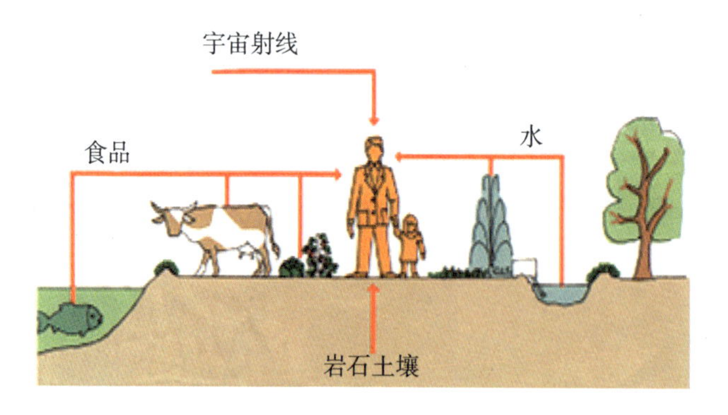

图6.1　人类生活的辐射环境

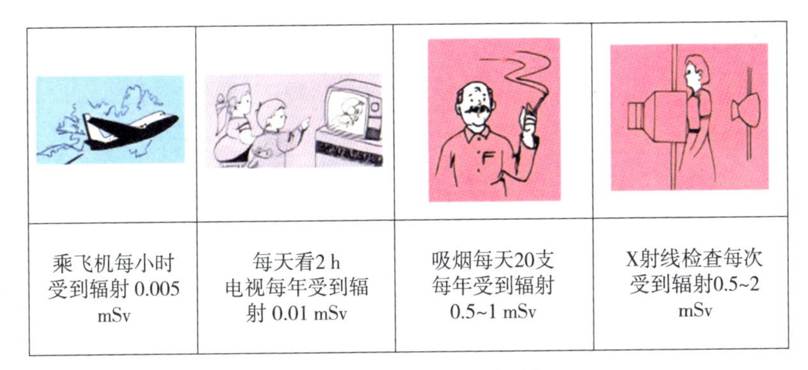

图6.2　日常生活中的辐射

一、天然辐射和人为辐射

人类的生活环境中，存在着宇宙射线和宇生放射性核素辐射，土壤和岩石中也存在着原生放射性核素。因此，人类居住的房子、走的路、喝的水、吃的食物、呼吸的空气，都可能含有微量天然辐射。此外，还有核爆炸落下灰中的放射性核素，乘坐飞机、看电视、吸烟、做X射线检查、用CT或放射性同位素做核医学诊疗等人为辐射。可见，每个人都会受到天然辐射和人为辐射（见表6.1）。

表6.1　天然辐射和人为辐射

天然辐射	人为辐射
宇宙射线、宇生放射性核素、土壤、岩石、水（铀、钍、镭、氡及其子体等原生放射性核素）	医疗照射（X射线、CT等）、同位素诊疗、看电视、吸烟、乘坐飞机、核爆炸落下灰中的放射性核素

天然辐射中以氡及其子体核素贡献最大。环境介质、饮水和食品中重要的天然放射性核素有^{238}U、^{232}Th、^{226}Ra、^{210}Po、^{210}Pb、^{40}K等。人们所受的天然辐射中，40%为体外受照，60%为食入和吸入后引起的体内受照。天然辐射水平随时间的变化较小，但随地域、环境的变化较大。纬度高的地区、地势高的地方，天然辐射水平就较高。

室内的γ辐射主要来自建材，包括粉煤灰、煤矸石、矿渣砖、花岗岩、大理石等。在构筑物、洞穴和地下室里，氡的浓度和γ辐射的水平均较高。在室外，γ辐射随地域变化的差别也较大。例如，广东省阳江市、广西鬼头山、四川降扎温泉等是γ辐射高本底地区，世界平均天然辐照水平为2.4 mSv/a。

二、内照射和外照射

辐射对人体的照射分为内照射和外照射。其中，外照射是指体外受辐射源的照射，内照射是指进入人体后放射性核素对人体所产生的照射。内照射在体内会持续一定时间，甚至使人体终生受照射。电离辐射作用于人体，其能量传递给人体内的分子、细胞、组织和器官，产生图6.3所示的生物效应。这种生物效应包括对人体器官和组织造成损害所产生的躯体效应，以及对生殖细胞、遗传物质造成损害所产生的遗传效应。

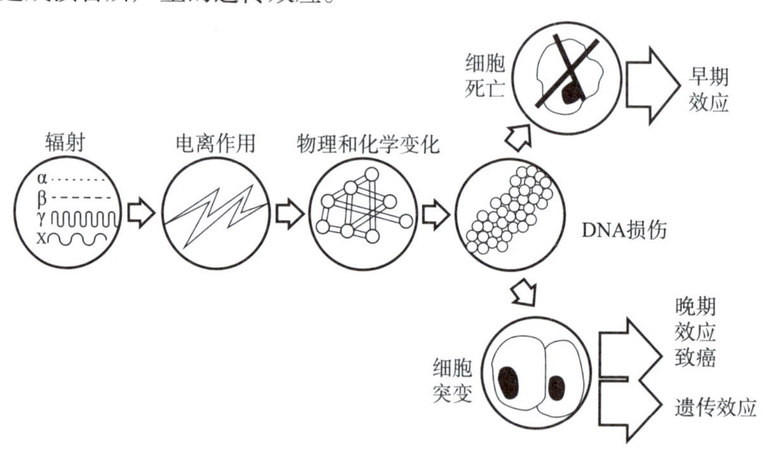

图6.3 电离辐射生物效应

人们已经认识并重视对辐射源和工作环境的监管控制，实现对工作人员和相关公众的有效防护。远离辐射源、采取屏蔽、缩短接触时间是降低外照射危害作用的三大有效措施。

对于外照射的防护，α射线用一张纸就能挡住，β射线用一张铝片就能挡住，γ射线要用混凝土或铅砖才能挡住（见图6.4）。不同辐射类型适用的屏蔽材料如表6.2所示。

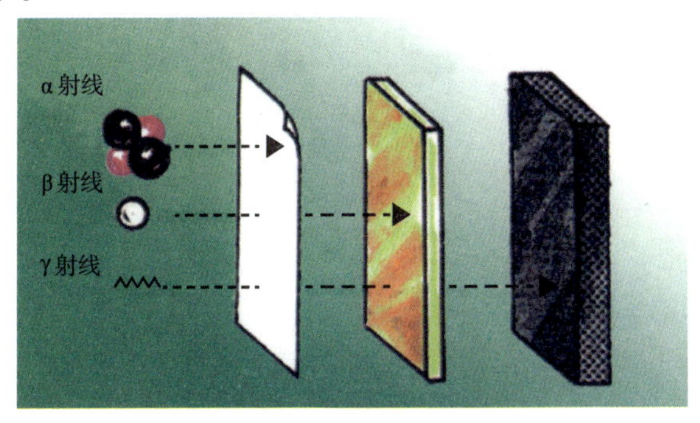

图6.4　α射线、β射线、γ射线的不同屏蔽（纸、铝片、铅砖）

表6.2　不同辐射类型适用的屏蔽材料

辐射类型	屏蔽材料	备注
α射线		α射线的外照射一般不予考虑
β射线	有机玻璃、塑料、铝板等	应先用一层轻材料防护β射线，再用重材料防护韧致辐射
γ 射线	铅、铁、混凝土、铅玻璃等	要用原子序数较大的物质
X射线	铅、混凝土墙等	
快中子	水、石蜡、塑料、石墨等慢化剂	要用原子序数较小的物质
热中子	锂、硼等吸收剂	要选用中子截面较大的物质

内照射通过呼吸、食物、伤口、皮肤渗透等进入人体内并可通过尿液和粪便排出体外。为了减少放射性照射，相关工作应使用通风柜、手套箱、热室、工作箱等进行操作，尽量创造负压环境条件，严格控制粉尘、尾气释放和液体洒漏。气溶胶检测掌控也十分重要，要严格掌控通风过滤器的过滤效率和气溶胶的水平。进入α辐射环境的工作人员要配戴头盔，并穿戴配备呼吸器的气衣。气衣要有足够强度，应防撕裂、耐磨损和防穿孔，要穿着舒服、供气流畅，对于耐酸、碱，耐热，防火等也有要求。目前，有一种带冰袋的防暑气衣，气衣上有许多通冷水的细管，从冰包流出的冷水流经细管，导走热量，使人体保持凉爽。气衣上水线路要畅通，防止接头松脱，或出现软管绞结、卡住

或破裂等现象。此外，穿着气衣时要有人监督与协助（见图6.5）。

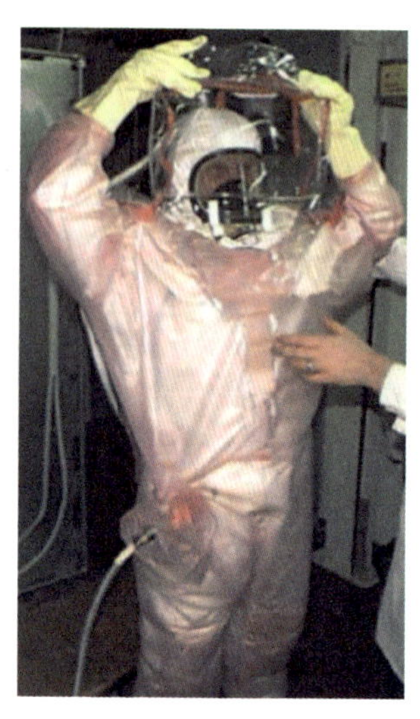

图6.5 穿着气衣准备进入强α辐射工作区

辐射危害作用的大小与受照射的剂量密切相关。若一次受照剂量小于100 mSv，对人体无影响；若一次受照剂量大于6000 mSv，则可能致死。低剂量率辐射所引起的损害与高剂量率辐射所引起的损害大不相同（见表6.3），加强辐射防护有十分重要的意义。

表6.3 不同受照剂量对人体的影响

一次受照剂量	对人体的影响
小于100 mSv	无影响
100～250 mSv	观察不到临床反应
250～500 mSv	可能引起血液变化，但无严重伤害
500～1000 mSv	血液发生变化，且有一定损伤，但无倦怠感
1000～2000 mSv	损伤，可能发生轻度急性放射病，容易治愈
2000～4000 mSv	明显损伤，能引起中度急性放射病，能够治愈
4000～5000 mSv	能引起重度急性放射病，虽经治疗但受照者50%可能在30天内死亡，其余50%能恢复
大于6000 mSv	引起严重放射病，可能致死

医疗照射是有意识直接施加给受检者或治疗人的照射。医疗照射在X射线发现后开始，现在全球应用。医疗照射的受照有较大差异，因为：

（1）地区分布不同，医疗条件不同，工业化国家人均医疗照射为1.1 mSv/a，世界平均水平为0.3 mSv/a，我国平均水平为0.1 mSv/a。

（2）人体不同部位采用的照射方法不同，受照的剂量不同，如胸片比胸透受照剂量低得多。肿瘤治疗，局部病灶受照可达数十Gy，要分多次照射。X射线诊断致受检者体表剂量平均水平（mGy／次）：门诊胸透3.04，牙齿口内摄影8.29，胸片正位0.36，心血管造影14.20，乳腺摄影3.57，脑血管造影7.13。这些数值，实际上各地的医院设备条件和医疗水平不同，受照剂量差别是很大的，并且随着科技的发展，受照剂量在不断降低。

医疗照射的防护十分重要，需要关注之点很多，例如:

①避免不必要的重复检查受照。

②使用合适的仪器设备和照射方式（有人用加速器照射除狐臭致死的）。

③对孕妇、哺乳妇女、儿童进行X射线的诊断检查要慎重。

④受碘–131治疗者体内放射性降到400 mBq以下方可出院，等等。

三、辐射有灵敏的探测手段

尽管辐射无色、无臭、无味，但躲不过“水来土掩，兵来将挡”的法则。对于辐射有灵敏快速、准确的测定技术和设备，可以发现它的存在，测定它的量有多少。对辐射的监测有以下几种：

（1）工作场所监测，对工作场所中的外照射水平、空气和地面、墙面、设备进行监测。

（2）环境监测，对设施周围环境中的辐射和放射性水平进行监测。

（3）流出物监测，对向大气和水体释放的流出物中的核素和剂量进行监测。

（4）个人监测，对工作人员和外来人员受到的外照射剂量和进入人体的内照射核素进行测定。

测定方式有直接测定、间接测定和扫描测定等三种，根据需要而择定。放射性测定相关的设备很多，并且随着科学技术的发展，越来越多先进的设备不断涌现，常用的测量设备主要有以下几类：

（1）便携式现场测量设备。

（2）取样后实验室测量设备。

（3）车载γ谱仪测量设备。

（4）个人剂量测量设备。

（5）无人机测量系统。

工作人员和参观人员进入辐射场所，必须要戴个人剂量测量设备。个人剂量计种类很多，主要测量X、γ、β辐射及热中子剂量（见表6.4）。

表6.4 几类个人剂量计

个人剂量计	特点
胶片个人剂量计	能测β、γ射线辐射剂量，加一定的包覆材料可测热中子剂量
热释光个人剂量计	能测β、γ射线辐射和热中子剂量，量程宽，可重复使用，灵敏度高，线性范围宽，体积小，重量轻，现在广泛使用
电子剂量计	可测量并显示累积剂量和剂量率，可设置报警信号
袖珍直读剂量计(剂量笔)	简单、便宜，早期使用较多，灵敏度低，剂量范围较窄

为了保证监测数据的准确性和有效性，有很多重要规定。例如，检测仪器要经过标定和定期检修；排风过滤器要防止堵塞；气溶胶取样器要安装在人体口鼻平均高度位置；个人剂量计要记录累积剂量值，并配备报警器等。

四、电离辐射防护的严格规定和有效措施

电离辐射防护的基本要求是防止确定性效应发生，限制随机性效应发生率。国际上辐射防护的安全规定比其他领域严格，要求保护现代人和后代人的健康，保护生态环境，要求不给后代带来不适当负担，要求保护超越国界的安全。

国际放射防护委员会规定，职业照射连续5年的平均有效剂量不得超过20 mSv，公众照射年有效剂量不得超过1 mSv。辐射防护三原则如下：

（1）辐射实践正当化。实施任何带有辐射的实践的前提条件为效益≥代价＋风险，净利益为正值。

（2）辐射防护最优化。在实施辐射实践过程中，尽可能选择辐射水平最低的最优化方案。

（3）个人剂量限值。规定辐射防护最优化的约束上限。

各类放射性操作应遵守相关的法规标准和导则：操作人员要穿戴合适的防护衣具；进入放射性工作区的人员要佩戴个人剂量监测器具；辐射超过限值会报警；累积受照剂量有记录；超年剂量限值的工作人员，必须停止工作；放射性工作人员要定期体检。

辐射无色无味、无声无臭，看不见、摸不着，但可通过灵敏的设备对其进行监测。目前，市场上有大量相关商品，可满足监测的需要。工作场所按操作的放射性水平分为监督区和控制区，用颜色划分，分为绿区、橙区和红区；区别对待设置带报警的γ射线和气溶胶监测装置；气流、物流、人流保持合理的走向；严格监管排风过滤器的过滤功效，监管下水口使其保持正常状态，监管固体废物分类存放。图6.6所示为操作人员利用热室机械手进行操作。图6.7所示为遥控操作。

图6.6 热室机械手操作

图6.7 遥控操作

核设施在运行前要做本底调查，调查结果存档以做比对。核设施周围设置γ射线、总α和总β监测装置（见图6.8），超标即报警。核设施周围设置监测并定期检测地下水液位、放射性核素种类与水平。定期检查周围围栏和探测报警装置的完好性，发现问题及时报告和解决。

图6.8 核设施周围设置各种辐射检测设备

由于严格的辐射防护管制和生态环境保护，核电站周围海水清澈，美不胜收，人们经常在海滨休闲和游泳（见图6.9）。核电站周围增加的辐照剂量很少，公众增加的受照剂量不到天然辐照本底剂量的1%。

图6.9　核电站周围人们在海滨休闲和游泳

第七章

核科学技术与诺贝尔自然科学奖

核科学技术是前沿尖端科学技术。自从1895年伦琴发现X射线，1896年贝克勒尔发现天然放射现象，1898年居里夫妇发现放射性元素钋以来，产生了许多原创性、奠基性的重大科学发现、重大理论成就和重大发明创造，推动了世界科技进步和社会发展，出现了像爱因斯坦、卢瑟福、居里夫人、费米、西博格、杨振宁等一大批对人类做出重大贡献的科学家，走上了诺贝尔奖（Nobel Prize）的领奖台。据统计，诺贝尔自然科学奖中，核科技专家约占1/7。可见，核领域是发挥才华、展显身手的宝地。

诺贝尔奖是根据诺贝尔遗嘱而设立的奖项。诺贝尔自然科学奖包括物理学奖、化学奖、生理学或医学奖，是世界最具权威、最有影响的世界级科学大奖，其主旨为奖励原创性、奠基性，推动世界科技进步和社会发展的成就。

一、诺贝尔奖的由来

阿尔弗里德–诺贝尔（1833—1896），瑞典人，化学家、发明家、实业家。诺贝尔8岁上过一年小学，后随父去俄国，请过家庭教师，基本上靠自学成才。21岁的诺贝尔研究硝化甘油炸药成功，被人们称为“炸药大王”。之后，又陆续发明了高威力炸药、雷酸汞引信、特强黄色火药，及人造纤维、人造皮革、人造宝石，在电学、光学、生物学、生理学等方面都有所建树。诺贝尔共提出355项技术发明专利，以硝化甘油制作炸药最著名。图7.1为诺贝尔照片。

图7.1　诺贝尔照片

诺贝尔荣获瑞典科学院勋章、极星勋章、法国大勋章、巴西玫瑰勋章、玻立华勋章等，被选入瑞典皇家科学院、伦敦皇家学会、巴黎土木工程师学会，在欧洲、北美、南美等20多个国家建立100多家工厂和公司。

诺贝尔的祖父是一位军医，父亲是机械师、发明家。在父亲的炸药研究中发生了一次重大事故，诺贝尔的弟弟被炸死，父亲由于伤心过度去世了。诺贝尔继承父业研究炸药，征服了硝化甘油。诺贝尔为事业奋斗终生、无妻室儿女，无固定住所，去世前立下遗嘱，用自己积累的大部分财富建立基金，把本金和利息奖给做出贡献并使人类受惠的人。当时他的亲属极力阻止执行，甚至瑞典国王也认为他此举不爱国。在遗嘱执行人的努力下，终于成立了诺贝尔基金会，作为诺贝尔奖的基金管理机构。在1901年，诺贝尔逝世五周年之际，举行了首届诺贝尔奖颁奖。

诺贝尔奖含物理学奖、化学奖、生理学或医学奖3个自然科学奖外, 还含文学奖、和平奖与经济奖。本书只讲述物理学奖、化学奖、生理学或医学奖3个自然科学奖, 不涉及文学奖、和平奖与经济奖。

二、诺贝尔自然科学奖的评选和颁奖

根据诺贝尔遗嘱，在评选的整个过程中，获奖人不受国籍、肤色、宗教信仰的影响，评选的第一标准是成就的大小。用诺贝尔基金产生的利息作为奖金，奖励在各个领域卓有成就的人。

诺贝尔科学奖每年评选和颁奖一次。同一奖项可以由合作获得，但最多不超过3人，已去世者不提名、不获奖。诺贝尔奖申请不由个人或团体提出，而主要采取推荐方式。每年2月提名推荐，10月21日公布，12月10日（诺贝尔逝世纪念日）颁奖。颁奖仪式隆重而简朴。每年出席人数限1500～1800人。出席男士要穿燕尾服或民族服，女士要穿晚礼服。受奖人要做3分钟即席演讲。

奖项包括：

证书、金质奖章（直径6.5cm，200g，内部18K金，外部24K金）和奖金（支票）。

据报道，诺贝尔分配用于作为奖金的遗产当时价值约23 100万瑞朗（约920万美元）。这笔钱归入了一项基金，由一个委员会永久保管，用基金利息支付奖金。奖金额最初约3万美元，现在上升到150万美元。

自然科学奖颁奖机构：

物理学奖、化学奖——瑞典皇家科学院；

生理学或医学奖——斯德哥尔摩卡罗林斯卡学院。

诺贝尔自然科学奖颁发情况：

诺贝尔自然科学奖123年（1901—2024）统计：

物理学奖224人；

化学奖192人；

生理学或医学奖227人，总计643人。

三、诺贝尔自然科学奖的特点

诺贝尔自然科学奖主要嘉奖原创性、奠基性、推动世界科技进步和社会发展的贡献，包括以下四大方面：

1. 重大科学发现

如X射线、天然放射性、基本粒子、重核裂变、激光、超导、DNA双螺旋结构、人类血型、基因工程、导电聚合物等。

2. 重大理论成就

如量子理论、原子结构、热力学第三定律、化学反应动力学、分子轨道理论、高分子理论、超导理论、染色体遗传理论、免疫细胞理论等。

3. 重大技术发明

如无线电、晶体管、集成电路、合成氨、维生素、胰岛素、性激素、多肽激素等。

4. 重大实验和仪器发明

如云雾室、气泡室、回旋加速器、色谱法、极谱法、电子显微镜、心电图、CT、激光冷却捕获原子、接近绝对零度超低温等。

四、诺贝尔自然科学奖的获奖启示

诺贝尔自然科学奖得主成功的因素很多，除了智力因素外，还有非智力因素，包括主观和客观条件。

1. 主观条件

（1）敏锐的观察力。例如，丁肇中发现一种奇特的夸克J粒子后，穷追不舍4个月不停歇地观察，最终获得成功。

（2）探索自然的好奇心。例如，杨振宁探索事物好奇心突出，他认为一天有10个新见解，即使9.5个都是错的，只有0.5个是正确的，也很高兴。他信奉“敏于生疑，敢于生疑，勇于质疑，贵在疑字”。

（3）执着精神、创造欲和激情。例如，大科学家爱因斯坦，数十年如一日，从不知难而退，结果成就卓著，人们说爱因斯坦的功绩至少可得3个诺贝尔奖。日本野依良治，人称“拼命三郎”，拼命研究水、空气、煤合成尼龙丝，发明了合成技术，摘到了诺贝尔奖牌。

（4）不折不挠，品质坚韧。例如，保罗·埃尔利希为了研制治疗梅毒的药物，经606次试验获得成功，摘到了诺贝尔奖牌。赫伯特·布朗刻苦学习，仅用三个学期就拿下了学士学位，又在一年内拿下博士学位，最终成为杰出化学家、诺贝尔奖得主。

（5）重视积累，不急功近利，但重视论文的发表。例如，奥托·哈恩抢先在《自然科学》发表了关于铀核分裂的论文，拿到了发现铀核裂变的桂冠。一般，成果做出之后，10～15年甚至20～30年才获奖。桂冠属于第一个完成发现与发明的人。

（6）善于合作。例如，格伦·西奥多·西博格率先发现超铀元素，后与多人合作发现10种超铀元素，获得了诺贝尔化学奖。DNA双螺旋结构是由詹姆斯·杜威·沃森和弗朗西斯·哈利·康普顿·克里克密切合作完成的，2人都得了诺贝尔生理学或医学奖。

2. 客观条件

（1）家长启发教育。玛丽·居里教育培养了女儿伊伦·居里，伊伦·居里获得了诺贝尔化学奖。

（2）导师指导培养（名师出高徒）。卢瑟福培养出11名诺贝尔奖得主，汤姆逊培养出8名诺贝尔奖得主。杨振宁、李政道的老师费米是诺贝尔奖得主。

（3）社会环境条件。许多诺贝尔科学奖得主出自名校，不少核领域诺贝尔科学奖得主出自著名核研究中心等。

3. 基础在青年时代

统计分析得出的结果可以看出，诺贝尔自然科学奖得主获奖都是在年富力强的时候，很多成果是研究生时期的论文（见表7.1）。

表7.1　诺贝尔自然科学奖得主年龄统计

奖项	创造高峰	
物理学奖	25～45岁	平均年龄38.9岁
化学奖	25～50岁	
生理学/医学奖	30～45岁	

科学创造高峰在25～45岁之间，峰值为37岁，列举几位于表7.2。

表7.2　几位诺贝尔奖得主重大成就取得年份

年龄	人名	年份	所获重大成就
25	爱因斯坦	1905	提出光量子学及狭义相对论
27	玻尔	1913	原子结构理论，氢原子结构和氢光谱
37	薛定谔	1925	相对论量子力学
24	海森堡		
25	泡利		
28	汤川秀树	1935	介子理论——核力基础理论
39	朝永振一郎	1945	量子电动力学
29	费曼		
35	杨振宁	1957	弱相互作用下宇称不守恒定律 2人合作
31	李政道		

五、介绍几位诺贝尔自然科学奖得主

获诺贝尔自然科学奖的名家很多，下面重点介绍爱因斯坦、玛丽·居里一家、杨振宁、李政道、丁肇中、屠呦呦等几位。

1. 爱因斯坦

阿尔伯特·爱因斯坦（见图7.2）是20世纪最杰出的物理学家，1921年获诺贝尔物理学奖。爱因斯坦是德国犹太人，受德国法西斯迫害逃亡到美国。爱因斯坦小时发育迟缓，3岁时还不太会说话，有人叫他“小傻瓜”，小学校长认为他“无前途可言”。

图7.2 阿尔伯特·爱因斯坦
德裔美国物理学家
1921年获得诺贝尔物理学奖

爱因斯坦与众不同之处在于凡事要问个为什么，喜欢追根究底，想象力极丰富。他长大后追求科学真理，读了许多书，学识博大精深，且不迷信权威，敢向传统观念挑战。爱因斯坦的后脑勺特别大，有人认为他的才智是因为他的大脑与一般人不一样，在他去世之后，对他的大脑进行了解剖，但并未发现他的大脑有什么特殊或不同之处。

爱因斯坦发现光电效应，提出光量子概念，1905年发表狭义相对论，1916年发表广义相对论，提出质能转换关系式$E=mc^2$等。有人认为，爱因斯坦的科学发现和贡献，至少可得3个诺贝尔科学奖。但当时很多人对相对论还不理解，他获得的诺贝尔奖是由于发现了光电效应。

第二次世界大战时，爱因斯坦担心希特勒造出原子弹对世界带来更大的危害，他动员几位科学家联名上书给美国总统罗斯福提议研制原子弹。罗斯福总统批准了这个上书，美国组织力量开展曼哈顿计划，1945年造成3枚原子弹，1枚在美国做了试验，2枚丢掷在了日本，迫使日本宣布无条件投降，加快了第二次世界大战的结束。

爱因斯坦在科学上务实求真，不懈奋进，给人深刻的教益，举例如下：

“想象力比知识更重要。”因为知识是有限的，而想象力则没有边界和限制，推动着科学的进步，并且是知识进化的源泉。严格地说，想象力是科学研究中的实在因素。

“提出一个问题往往比解决一个问题更重要。”因为解决一个问题也许是数学上、实验上的技能而已，但提出新的问题、新的可能性，从新的角度去看旧的问题，却需要有创造性的想象力，这可以推动科学的真正进步。

对于爱因斯坦，周恩来总理曾赞誉说：“犹太民族出过两个伟人，一个是马克思，一个是爱因斯坦。”

2. 玛丽·居里一家

玛丽·居里（见图7.3）是波裔法籍物理学家、化学家。1903年获得诺贝尔物理学奖，1911年得诺贝尔化学奖。

图7.3　玛丽·居里
波裔法籍物理学家、化学家
1903年获得诺贝尔物理学奖　1911年获得诺贝尔化学奖

玛丽1867年生于波兰，家里孩子多，收入低，生活清贫。玛丽从小酷爱学习，从小学到中学，总是第一名，中学毕业之后教书挣钱，支持姐姐去法国上大学。之后，她继续教书，到第8年积够钱，终于实现了自己上巴黎大学的愿望。通过刻苦努力，玛丽以优异的成绩取得了物理和数学两个学位。成了欧洲第一位女博士和巴黎大学第一位女教授。

玛丽28岁时与皮埃尔·居里结婚，婚礼十分简朴，没有请牧师和律师，两人对饮一杯葡萄酒后，骑着自行车下乡度蜜月。回来后两人在简陋的木棚中利用沥青铀矿进行铀射线研究（见图7.4），条件十分艰苦。买沥青铀矿石已用光了他们的积蓄，买化学试剂时他们还借了债。他们对沥青铀矿石进行溶解、沉淀、过滤，对沉淀物进行提取、分离、提纯，一批一批不断地处理。结婚两年后，玛丽怀孕生下伊伦，产假后又投入了紧张与艰苦的研究实验。

图7.4　居里夫妇在实验室里

1898年，居里夫妇从沥青铀矿石提炼物中，发现了一个新元素。玛丽把新元素命名为“钋”，以示对祖国波兰的纪念。钋元素发现之后，居里夫妇继续对沥青铀矿石做提取研究。他们从4吨沥青铀矿石中，花了1400多天实验时间，提取出了0.1克氯化镭，从而发现了新元素“镭”。1903年，居里夫妇双双获得了诺贝尔物理学奖。

1906年皮埃尔·居里因车祸身亡。玛丽用加倍工作寄托对亲人的哀思，完成丈夫未竟之业。1910年写成《放射性通论》，1911年玛丽获诺贝尔化学奖。

玛丽一生得过诺贝尔奖等10种著名奖金，她把很多钱财捐献给了慈善事业。她获得过国际高级学术机构颁发的16枚奖章、得到过世界各国政府和科研机构授予的各种头衔100多个，但她毫不骄纵。她不喜欢别人的恭维，一如既往，以坚韧不拔的毅力执着奋斗，自强不息。

伊伦·居里（见图7.5）是玛丽·居里的女儿，伊伦从小受父母的言传身教，潜移默化，也是一个不畏艰难险阻、自强不息的科学家。第一次世界大战时，她和她母亲一样，也成为反法西斯战士，到军队做护工。她不依赖父母的名望和财富，不贪图享乐的生活，热衷于科学研究事业。

图7.5　伊伦·居里
法国物理学家
1935年获得诺贝尔化学奖

1933年，伊伦和她的丈夫用钋发出的α粒子轰击铝箔，发现铝箔不停地放出电子，经过精心研究，断定这是铝转变成了一种新放射性元素磷-30。磷-30是世界上第一个人工制造的放射性元素。1935年，因为发现人工放射性和发明人工制造放射性元素，伊伦和她的丈夫约里奥走上诺贝尔奖授奖台，双双获得诺贝尔化学奖。

伊伦的丈夫约里奥本不姓居里，但他崇拜老居里夫妇的人品和贡献，决心要继承和发扬他们的崇高精神，打破习俗，改姓为居里。后来，约里奥也成了一个杰出科学家，他和妻子伊伦一起获得了诺贝尔化学奖。

约里奥·居里曾任法国科学院院长、法国原子能委员会主席，培养了许多优秀科学家，钱三强先生、杨承宗先生都是他的学生。在杨承宗先生回国时，他让杨承宗转告毛泽东主席：“你们要反对原子弹，就必须有原子弹。”为保卫世界和平，约里奥·居里给我们传递了友好的忠告。

综上所述，居里一家两代四口人获得了5个诺贝尔科学奖：

玛丽·居里（母亲） 获诺贝尔物理学奖和诺贝尔化学奖

皮埃尔·居里（父亲） 获诺贝尔物理学奖

伊伦·居里（女儿） 获诺贝尔化学奖

约里奥·居里（女婿） 获诺贝尔化学奖

3. 杨振宁、李政道

杨振宁、李政道（见图7.6）两人于1957年在美国共同提出弱相互作用下宇称不守恒定律，共同获得诺贝尔物理学奖。

杨振宁

李政道

图7.6 杨振宁和李政道
1957年共同获得诺贝尔物理学奖

杨振宁在1922年出生于安徽合肥，父亲是清华大学教授。杨振宁童年在北平（今北京）上学，日寇侵华期间逃难到云南昆明。1942年从国立西南联合大学（今云南师范大学）毕业后，杨振宁由国家公费送到美国深造。杨振宁在统计力学、凝聚态物理、粒子物理和规范场理论等方面有卓著成就和贡献。

杨振宁多次回国讲学，受到毛泽东主席和周恩来总理的接见。他拒绝了美国马里兰大学几十万美元年薪的邀请，接受清华大学100万人民币的邀请毅然回国，并将薪水捐献给清华大学。杨振宁把美国籍改为中国籍，成为中国科学院院士。他推荐很多年轻学者出国深造，培养和造就了多名院士和校长，推进了香港中文大学、清华大学、南开大学、中山大学等院校的学科建设和发展。

李政道在1926年出生于上海，日寇侵华期间逃难到江西，转入国立西南联合大学，1946年他被推荐到美国，并获得芝加哥大学博士学位。1957年他和杨振宁共同获得诺贝尔物理学奖。李政道在量子场论、基本粒子理论、核物理、统计力学、流体力学等领域都有深入研究和卓越成就。他曾多次回国访问，受到毛泽东主席和周恩来总理的接见，为祖国科技和教育发展献计献策，做出了重要贡献。2024年8月14日，逝世于美国旧金山，享年98岁。李政道热爱祖国，魂归故里，骨灰安葬于江苏苏州东山镇。

4. 丁肇中

丁肇中（见图7.7），山东日照人，于1948年迁居中国台湾，1956年赴美留学，曾师从吴健雄和杨振宁做核物理研究。丁肇中从小聪明、勤奋、自信，他探索求真，努力创造极致。有一次丁肇中在布鲁克海文国家实验室的同步加速

图7.7　丁肇中
华裔美籍物理学家
1976年获得诺贝尔物理学奖

器上做实验，当测量高能质子打击铍靶产生正负电子对撞的有效质量时，发现了一个质量重、寿命长的奇异粒子。丁肇中对这个偶然发现极为重视，追根究底，穷追不舍，在连续4个月不停歇的观察后，证实了存在一种新的粒子，并将其命名为J粒子。J粒子的发现揭示了原子核中的质子和中子是由更小的粒子（夸克）所构成的。1976年丁肇中获得诺贝尔物理学奖。

1976年在瑞典参加诺贝尔奖颁奖典礼前，丁肇中要求用中华民族的语言汉语做演讲，他说："我是中国人，需要用汉语发表演说。"会议主席不同意，在他的强烈坚持下，主席同意他可以先用中文发表演说，然后再用英文讲。丁肇中的演说介绍了中国古代科学对现代科学的影响，他说："研究光和物质的相互作用是物理学中最早知道的课题之一，《墨子》中就有这方面的事例，20世纪物理学的许多重大发现都与研究光线有关"。丁肇中的演讲表达了他对中华民族和对祖国母亲的深情和对科学的真知灼见。丁肇中热爱祖国，为我国科学发展和人才培养做出了重要贡献。

5. 屠呦呦

屠呦呦（见图7.8）于1930年12月30日出生，浙江宁波人，1951年考入北京医学院（今北京大学医学院）药学系。毕业后在中国中医研究院（今中国中医科学院）工作，多年来从事中药和西药结合的研究，现任中国中医科学院首席研究员。

图7.8　屠呦呦
中国药学家
2015年获得诺贝尔生理学或医学奖

屠呦呦创制了用于治疗疟疾的青蒿素和双氢青蒿素新型抗疟药物，有效降低了疟疾患者的死亡率，挽救了全球，特别是发展中国家数百万人的生命，贡献巨大。2015年屠呦呦获得诺贝尔生理学或医学奖（见图7.9、图7.10）。

图7.9　屠呦呦接受颁奖

图7.10　屠呦呦在接受颁奖时发表演讲

屠呦呦功绩卓著，誉满全球，获得拉斯克奖和葛兰素史克中国研发中心“生命科学杰出成就奖”，联合国教科文组织-赤道几内亚国际生命科学研究奖。2016年获国家最高科学技术奖，2018年获党中央国务院授“改革先锋”称号，2019年获“共和国勋章”。

世界诺贝尔科学奖得主最初多为欧洲人，后来以美国籍科学家居多。美国的诺贝尔科学奖得主最多，但不少人是移居到美国去的。如爱因斯坦是德裔人，费米是意裔人，华裔诺贝尔科学奖得主已有杨振宁、李政道、丁肇中、李远哲、朱棣文、崔琦、钱永健、高琨等，他们有的是从中国大陆移居到美国的，有的是从中国台湾移居到美国的。

亚洲第一位诺贝尔科学奖得主是印度人，巴基斯坦也有诺贝尔科学奖得主。日本声称要造就30位诺贝尔奖得主。

屠呦呦是中国本土第一位诺贝尔科学奖得主。杨振宁说："到2030—2040年中国科技水准必定会成为世界级科技强国。"李政道说："炎黄子孙有着悠久的历史，就像宇宙最初的爆炸一样，有巨大的能量，会永远扩大发展，永无止境。"

现在，我国党和政府高度重视基础研究和青年人才培养，增加投入，鼓励原始创新，建立创新体系，创建和开放重点实验室，发展交叉科学和边缘科学。这一系列制度和措施，必将迎来光辉灿烂的明天，我国的核科学技术必将蓬勃发展。

附录1

核科学技术大事记

时间	大事件
1895年	伦琴发现X射线
1896年	贝克勒尔发现天然放射现象
1897年	汤姆逊发现电子
1898年	居里夫妇研究放射性，发现放射性元素钋
1901年	首届诺贝尔自然科学奖颁奖
1902年	居里夫妇从沥青铀矿中提炼出镭盐，发现放射性元素镭
1905年	爱因斯坦提出狭义相对论
1911年	卢瑟福提出有核原子结构模型
1916年	爱因斯坦提出广义相对论
1919年	卢瑟福实现人工核反应
1923年	康普顿发现康普顿效应
1932年	查德威克发现中子
1934年	伊伦和约里奥·居里夫妇实现核反应生产人工放射性核素
1938年	哈恩和斯特拉斯曼发现核裂变现象
1939年	玻尔提出核裂变理论

续表

时间	大 事 件
1939年	爱因斯坦等向美国总统罗斯福上书制造原子弹，美国实施曼哈顿计划
1940年	西博格发现钚元素
1942年	费米实现链式反应，世界上第一个核反应堆在美国芝加哥大学运动场建成启动
1944年	西博格等人工合成超铀元素
1945年	美国成功制造三颗原子弹，一颗用于在美国做试验，两颗投放于日本广岛和长崎
1946年	世界上第一座实验快堆在美国建成
1946年	钱三强、何泽慧夫妇发现铀核三分裂、四分裂现象
1952年	美国起爆世界上第一个热核装置
1954年	世界上第一座试验核电站在苏联奥布宁斯克启动
1955年	毛泽东主席做出组建核工业部发展原子能工业的重要决定
1957年	杨振宁、李政道发现弱相互作用下宇称不守恒定律
1957年	国际原子能机构成立
1958年	中国第一座重水反应堆和第一台回旋加速器在北京房山原子能研究所建成
1959年	王淦昌等发现反西格马负超子
1959年	世界上第一艘原子能反应堆舰艇“列宁号”核动力破冰船下水
1964年	中国成功实现第一次原子弹爆炸（1964年10月16日）
1967年	中国成功实现第一次氢弹爆炸（1967年6月17日）
1974年	中国第一艘鱼雷攻击型核潜艇试航成功，正式编入海军部队
1974年	丁肇中发现J粒子
1977年	美国宣布成功研制中子弹
1979年	美国三哩岛核电站2号机组发生事故（1979年3月28日）

续表

时间	大 事 件
1982年	中国首次潜艇导弹核试验成功（1982年10月12日）
1984年	中国正式加入国际原子能机构
1984年	国务院批准成立国家核安全局
1986年	苏联切尔诺贝利核电站4号核电机组发生7级特大事故（1986年4月26日）
1988年	中国成功进行中子弹试验（1988年9月29日）
1991年	中国第一座自行设计和建造的核电厂（秦山一期）并网发电（1991年12月15日）
1994年	秦山核电站和大亚湾核电站正式投入商业运行
1999年	中共中央、国务院、中央军委表彰“两弹一星”元勋，于敏、王淦昌、邓稼先、朱光亚、吴自良、陈能宽、周光召、钱三强、郭永怀、程开甲、彭桓武共11位核科技专家授勋
2010年	中国实验快堆首次成功临界，2011年中国实验快堆成功并网发电
2011年	日本福岛第一核电厂发生7级特大事故（2011年3月11日）
2017年	福建示范快堆工程建设开工
2020年	“华龙一号”核电机组首堆并网，海外首堆装料
2021年	“华龙一号”核电机组福建福清5号机组投入商业运行（2021年1月30日）
2022年	第四代核电山东石岛湾高温气冷堆核电站并网发电（2022年7月4日）

附录2

核领域“两弹一星”元勋简介

1999年9月18日，中共中央、国务院、中央军委表彰研制“两弹一星”做出特殊贡献的科技专家。核科技工业系统受到表彰并获得“两弹一星功勋奖章”的有11位功臣。他们热爱祖国、热爱科学、执着敬业、求真唯实、不畏艰难险阻、不计较个人得失，在科学上取得了重大成就，为国家做出了重大贡献。

以下简要介绍（以姓氏笔画为序）于敏、王淦昌、邓稼先、朱光亚、吴自良、陈能宽、周光召、钱三强、郭永怀、彭桓武、程开甲等11位在核科技工业系统获得“两弹一星功勋奖章”的功臣。

于敏（1926年8月16日—2019年1月16日）
理论物理学家、中国科学院院士

于敏1926年出生于河北省宁河县（现天津市宁河区）芦台镇，1949年毕业于北京大学物理系。1980年当选为中国科学院学部委员（院士）。原中国工程物理研究院副院长、研究员、高级科学顾问。

于敏是我国核武器研究和国防高技术发展的领军人物之一。20世纪60年代起，参加并长期领导核武器的理论研究和设计。

于敏在我国氢弹原理突破中解决了热核武器物理中一系列基础问题，提出了从原理到构型基本完整的设想，起到了关键作用。他在氢弹理论设计第一线，既是指挥员，又是攻坚战斗员，为氢弹的理论研究和设计解决了大量关键性的理论问题。

于敏在氢弹研制、核武器小型化、中子弹突破、惯性约束核聚变研究等领域解决了大量关键理论问题。为我国核武器发展做出了重大贡献。他和邓稼先联名向中央提出的“加快核试验进程”建议被采纳，使我国核武器发展进入了一个新的阶段。

诺贝尔奖得主、核物理学家玻尔访华时，称于敏是“一个出类拔萃的人”。于敏没有出国留过学，是我国自己培养出来的科学家。一个日本代表团访华时，称他为“中国的国产专家一号”。由于于敏从事的是氢弹研制绝密工作，不允许出国，直到1988年他的名字解密之后，他才第一次走出国门。

于敏在1985年、1987年和1989年三次获国家科技进步奖特等奖。1994年获求是杰出科学家奖。1985年荣获“五一劳动奖章”。1987年获“全国劳动模范”称号。1999年被国家授予“两弹一星”功勋奖章。2015年获国家最高科技奖。2018年12月18日，党中央、国务院授予于敏同志“改革先锋”称号，授予他改革先锋奖章，他同时获评“国防科技事业改革发展的重要推动者”。同年9月17日，被授予“共和国勋章”。

于敏不仅在专业领域有卓越的成就，他还非常注重知识的传承和人才培养。他用深入浅出的语言将自己的研究成果传授给青年同志，为我国的科技事业培养了一批又一批优秀人才。

2019年1月16日，于敏在北京去世，享年93岁。

王淦昌（1907年5月28日—1998年12月10日）
核物理学家 中国科学院院士

王淦昌1907年出生于江苏常熟，父亲是当地有名的中医。6岁进私塾读书两年，后转入小学。父母去世较早，小学毕业后在哥哥的帮助下到上海浦东中学读书。他是个穷学生，买个烧饼吃的零花钱都没有。他从小身体比较瘦弱，但读书很用功。1925年王淦昌考取清华大学，1929年清华大学毕业后留校，给吴有训教授当助手。1930年，王淦昌考取柏林大学公费留学研究生，师从著名实验物理学家迈特纳。王淦昌4年留学期间埋头于实验室，经常工作到深夜。有时实验室关门了，就翻墙回宿舍。王淦昌求知欲十分强烈，不放过任何一次科学活动机会，经常去听讲演。由于他天资聪明，加上刻苦好学，研究生期间就已显示出非凡的科学见解和宽广的实验思路。

1934年王淦昌获博士学位后回到祖国，被聘任为山东大学、浙江大学物理学教授，1950年调到北京中国科学院近代物理研究所（中国原子能科学研究院前身）。1955年被选聘为中国科学院数理化学部的学部委员。1956年赴苏联杜布纳联合原子核研究所工作，1959年当选为联合原子核研究所副所长，1960年回到北京。

王淦昌是我国核科学的奠基人与开拓者之一。1941年提出验证中微子的实验方案，1953—1956年领导建立了云南宇宙线实验站，获得了大批奇异粒子实例，使我国宇宙射线研究进入当时国际先进行列。1959年，他领导的小组发现了反西格玛负超子，填补了反粒子表上的一个空白，此成果获得国家自然科学奖一等奖。

王淦昌是我国核武器研制的主要科学技术领导人之一，核武器研究实验工作的开拓者，参与了我国原子弹、氢弹原理突破及核武器研制的试验研究及组织领导工作。作为原子弹冷试验技术委员会主任委员，指导了我国第一次地下核试验，领导并组织了我国第二、第三次地下核试验，为我国核武器发展做出了重大贡献。

王淦昌是我国惯性约束核聚变研究的奠基人，积极促成建立了高功率激光物理联合实验室并长期指导惯性约束核聚变研究。

王淦昌在20世纪80年代与王大珩、杨嘉墀、陈芳允四位科学家联名上书中央，提出跟踪世界战略性高技术发展的建议，并促成了具有深远意义的国家“863”计划，为我国高技术发展开创了新局面。

王淦昌1982年获国家自然科学奖一等奖，1985年获两项国家科技进步奖特等奖，1994年获首届何梁何利基金科学与技术成就奖，1999年被授予“两弹一星功勋奖章”。

王淦昌一心想着祖国，想着科学，想着未来，在科学领域里不断追求、不断探索。他自己生活十分俭朴，把获得的奖金和稿费用于建立基础教育奖励基金，鼓励孩子们好好学习。王淦昌杰出的科学贡献和高尚的思想品德，赢得了人们的尊重和爱戴，堪称一代师表。

1998年12月10日，王淦昌在北京逝世，享年91岁。

邓稼先（1924年6月25日—1986年7月29日）
核物理学家　中国科学院院士

邓稼先于1924年出生于安徽怀宁的一个书香门第家庭。父亲留学日本获早稻田大学博士，后到美国哥伦比亚大学任教。回国后先后在清华大学、北京大学、厦门大学任教授。父亲是一位爱国学者，邓稼先从小就受父亲科学和爱国思想的熏陶，爱祖国、爱科学，为人忠诚、淳厚。

邓稼先在北平上小学和中学，热爱数理化，成绩优异。1941年考取西南联大，1945年西南联大毕业后到北京大学当物理助教。1948年考取公费留学美国普渡大学物理系学习深造。他刻苦攻读，两年完成三年的学习课程。1950年美国普渡大学毕业后谢绝导师高薪聘请去英国剑桥的机会，和王大衍、洪朝生等青年科学家乘船回国，决心把学到的知识报效祖国。回国后到中国科学院近代物理研究所（中国原子能科学研究院前身）工作。历任二机部第九研究所理论部主任，第九研究院副院长、院长，国防科工委科技委副主任，核工业部科技委副主任等职。

邓稼先是我国核武器研制与发展的主要组织者、领导者之一，从原子弹、氢弹的原理突破和试验成功及其武器化，到新时代核武器的重大原理突破和试验成功，均做出了重大贡献。

邓稼先1958年开始参加原子弹研制工作。隐姓埋名和家人分离，在大西北工作了28年，其中有10年是在戈壁大漠中度过的。从1958年至1986年进行的核试验中有15次是由邓稼先指挥的。邓稼先不仅参与了理论设计、加工组装、爆炸试验和排除故障的组织领导工作，还经常不顾生命危险，亲自去现场指挥。在第一颗原子弹爆炸成功之后，同于敏等人又投入了氢弹研究，按照“邓－于方案”制成了氢弹。在病重期间他和于敏联名向中央提出“加快核试验进程”的建议并被采纳，使我国核武器发展进入了一个新阶段。

邓稼先1979年任核武器研究院院长，1980年当选为中国科学院学部委员（院士）。邓稼先领导开展了爆轰物理、流体力学、状态方程、中子输运等理论研究，对原子弹的物理过程进行了大量模拟计算和分析，为原子弹和氢弹的研制成功，做出了重要理论贡献并发挥了重要的组织领导作用。1982年获国家自然科学奖一等奖，1985年、1987年、1989年获国家科技进步奖4项，1986年获“全国劳动模范”称号，1999年被追授“两弹一星功勋奖章”，2009年被评为“100位新中国成立以来感动中国人物”。

1986年7月29日，邓稼先在北京逝世，享年62岁。

朱光亚（1924年12月25日—2011年2月26日）
核物理学家　中国科学院院士　中国工程院院士

朱光亚，1924年生于湖北武汉，1945年毕业于西南联合大学物理系，1946年赴美国密执安大学从事实验核物理研究工作，1949年获美国密执安大学物理学博士学位。1950年春他毅然回国，决心将知识和智慧奉献给祖国。中国核科学事业的主要开拓者之一，被誉为“中国工程科学界支柱性的科学家”“中国科技众帅之帅”。

1957年朱光亚调到原子能研究所任副主任，参与了由苏联援建的研究反应堆的建设和启动工作，从事核反应堆的研究工作，领导设计、建成轻水零功率装置，并开展了堆物理试验，跨出了中国自行设计、建造核反应堆的第一步。1959年7月，朱光亚调任二机部核武器研究所副所长，和邓稼先等科学家一起组织队伍进行研究攻关。

朱光亚是中国核武器研制的科学技术领导人，负责中国原子弹、氢弹的研制工作。1962年主持编写的《原子弹装置科研、设计、制造与试验计划纲要及必须解决的关键问题》，对争取在两年内实现第一次原子弹爆炸试验的目标起到了重要作用。朱光亚参与组织领导中国历次原子弹、氢弹的试验，为“两弹”技术突破及其武器化做出了重大贡献。

朱光亚于20世纪70年代参与组织我国核电站筹建和放射性同位素应用开发

研究，80年代后参与国家高技术研究发展计划（“863”计划）的制定与实施，以及国防科技发展战略研究工作。朱光亚为我国国防事业的进步、为我国核能的和平利用及促进我国跟踪世界高技术的发展都做出了重大贡献。

朱光亚有虚怀若谷的博大胸怀，不谈自己只谈别人和集体。在当选为全国政协副主席后，他经常说：“过奖了，要说做了一些工作，那是大家做的。我个人并没有什么值得称道的地方。”

朱光亚高度热爱祖国、热爱科学，关心青少年的成长。2004年10月15日，在百忙中为中国核学会组织编写、罗上庚执笔的《走近核科学技术》一书作序，鼓励广大青少年朋友，为中华民族的伟大复兴和人类科学技术事业发展，奉献自己的聪明才智。

朱光亚1980年当选为中国科学院学部委员，1994年被选聘为中国工程院首批院士。朱光亚1985年获国家科技进步奖特等奖，1996年获何梁何利基金科学与技术成就奖，1999年荣获“两弹一星功勋奖章”，2008年获光华工程科技奖成就奖。

2011年2月26日，朱光亚在北京去世，享年87岁。

吴自良（1917年12月25日—2008年5月24日）
物理冶金学家　中国科学院院士

吴自良1917年出生于浙江浦江吴村，幼年丧父，由母亲和兄、姐抚养长大。吴自良小学毕业后，考上浙江省立第一中学读初中。乡下小学基础差，到省中之后，经过一个学期用功学习，成绩就上升到了年级第二名。初中毕业后，考取杭州高级中学。在那里他刻苦学习，认真钻研，为以后发展打下了良好基础。1935年，考取天津北洋大学工学院航空系。毕业后到云南中央飞机制造厂工作。1943年，吴自良赴美留学，在卡内基理工学院跟从名师读研究生。1948年获博士学位后留校读博士后。在国外他非常珍惜留学机会，刻苦学习，努力钻研。中华人民共和国成立后，吴自良抱着发展祖国冶金科技事业的愿望，于1950年年底取道香港，回到祖国。回国后，任唐山北方交大冶金系教授。1951年到中国科学院上海冶金陶瓷所任研究员，负责物理冶金研究工作。历任室主任、副所长、科技委主任等职。

吴自良研究领域广泛，完成了一项又一项国家急需的科研任务。他研究成功以锰、钼代铬的合金钢，对建立我国自己的合金钢系统起了开创作用。他在冶金方面发表的重要论文，在国际和国内有相当大的影响。

吴自良是我国著名的物理冶金学家，20世纪60年代初，我国研制第一颗原子弹，铀-235富集是关键技术。原子弹铀同位素分离需要一种特殊的扩散膜，吴自良是研制技术总负责人。历时三年多，在兄弟院所大力协作下，经过艰苦探索和反复试验，1964年试制成功并投入应用。他研究成功以锰、钼代铬的合金钢，为原子能工业和国防现代化做出了重要贡献。

吴自良孜孜不倦，献身于科学研究事业，不断开拓前进。20世纪60年代以后又指导开展大规模集成电路用硅材料的品质因素以及高温超导氧化物中氧的扩散行为和作用的研究，致力于发展我国高技术材料和材料科学研究。他研究半导体、大规模集成电路材料、高温超导材料等,热情指导研究生，积极培养中青年科技人才，被中国科学院评为优秀研究生导师。

吴自良1980年当选为中国科学院院士（学部委员），荣获1984年国家发明奖一等奖和1985年国家科技进步奖特等奖，1999年被授予“两弹一星功勋奖章”。

2008年5月24日，吴自良在上海去世，享年91岁。

陈能宽（1923年4月28日—2016年5月27日）
金属物理学家　中国科学院院士

陈能宽，1923年出生于湖南慈利。1939年陈能宽初中毕业，以最高分考取了有奖学金的长沙雅礼高中。1942年以优异成绩保送进唐山交通大学。1946年唐山交通大学矿冶系毕业。1947年考取出国留学，进入美国耶鲁大学，勤奋好学的陈能宽只用了三年时间就获得了耶鲁大学硕士和博士学位。

1955年陈能宽回到祖国，任中国科学院应用物理研究所研究员兼室主任。1960年夏，陈能宽调到二机部九院，历任实验部主任、副院长、科技委主任、科学顾问等职，1986年任核工业部科技委副主任，1988年兼任国防科工委科技委副主任。

陈能宽是我国核武器爆轰物理学的开拓者。在我国原子弹、氢弹的研制工作中，领导和组织了爆轰物理、特殊材料冶金、实验核物理等学科领域的研究工作，并多次在技术上参与领导和组织了国家核试验，为我国核武器的研制和国防尖端科学技术的发展做出了杰出贡献。

20世纪80年代，参与领导、制订和实施国家“863”计划，任国家“863”计划激光领域首任首席科学家，为推动我国激光技术领域研究做出重要贡献。

陈能宽对事业执着追求，在“两弹”研制中，不论在青海高原的实验室里，还是在茫茫戈壁滩的试验场上，他废寝忘食，忘我工作。陈能宽思路开阔，善于思考。他知难而进，解决了一个又一个难题。陈能宽甘为人梯，热情培养青年科技人才，真是“倾心铸两弹，竭诚扶后生”。

陈能宽1980年当选为中国科学院院士。1982年获国家自然科学奖一等奖，1985年、1987年获国家科技进步奖特等奖，1993年获何梁何利基金科学与技术进步奖，1999年被授予“两弹一星功勋奖章”。

2016年5月27日，陈能宽在北京逝世，享年94岁。

周光召（1929年5月15日—2024年8月17日）
理论物理学家　中国科学院院士

周光召1929年出生于湖南长沙，1951年清华大学物理系毕业，1954年北京大学理论物理专业研究生毕业，毕业后留校任教。

1957年周光召赴苏联莫斯科杜布纳联合原子核研究所工作。1961年回国后，历任二机部九院理论研究所副所长、所长，二机部九局总工程师，中国科学院理论物理研究所副所长、所长，中国科学院副院长、院长等职。

周光召1992年当选为中国科学院学部委员会执行主席。1996年当选为中国科协主席。历任全国人大常务委员会副委员长，国务院学位委员会副主任、国家科技领导小组成员等职。

周光召是我国核武器理论研制的领导者和组织者之一，在粒子物理研究方面做出了重要贡献，是世界公认的赝矢量流部分守恒定律的奠基人之一。20世纪60年代初，周光召开始核武器理论研究工作，领导并参与了爆轰物理、辐射流体力学、中子物理等多个领域的研究工作，取得了系列重要成果，为我国第一颗原子弹、氢弹的研制成功，战略核武器的设计、定型，核武器预研和其他一系列科学试验做出了重大贡献。

周光召做出了许多杰出的创造性成果，发表了许多有国际影响的论文。1980年当选为中国科学院学部委员（院士）；1982年周光召获国家自然科学奖一等奖，1985年获两项国家科技进步奖特等奖，1987年获中国科学院重大科技成果奖一等奖，1993年周光召被意大利政府授予“意大利共和国爵士勋章”，1994年被香港求是科技基金会授予“中国杰出科学家”奖，1999年被授予“两弹一星功勋奖章”。

周光召的成就名扬四海，被美国纽约市立大学、香港中文大学、香港大学、加拿大麦吉尔大学授予荣誉博士。国际小行星命名委员会将第3462号小行星命名为“周光召星”。

周光召被聘为美国、俄罗斯、捷克、蒙古、保加利亚和罗马尼亚等国家科学院，欧洲科学院，第三世界科学院，法语区工程师科学院，韩国翰林院等10个国家和地区的科学院院士。

周光召十分重视并积极造就培养年轻人才，他谆谆教导青年科技工作者，希望他们对科研工作执着追求，坚持不懈，要有创新精神，要求真唯实。

2024年8月17日，周光召在北京逝世, 享年95岁。

钱三强（1913年10月16日—1992年6月28日）
核物理学家 中国科学院院士

钱三强1913年出生于浙江绍兴，出身于开明进步诗书世家。自幼受到良好教育和爱国思想的熏陶，具有强烈的爱国精神和正义感。1932年钱三强考取清华大学物理系，大学时代钱三强积极参加“一二·九”爱国学生运动。1936年大学毕业后，到北京研究院物理研究所工作。1937年考取公费留学法国。到巴黎大学镭学研究所，在约里奥·居里夫妇指导下从事原子核物理研究。他勤奋好学，成绩优秀，赢得了同事们的尊敬和爱戴。1940年获博士学位。

钱三强在法国期间，在原子核物理方面做出了许多一流成就。特别是1946年他和夫人何泽慧利用核乳胶研究铀核裂变，经过反复实验和上万次观察，发现了铀核裂变的三分裂和四分裂现象，约里奥·居里先生于1947年巴黎举行的世界工作者协会会议上对此发现做了高度评价。他认为这是第二次世界大战后物理学上一项非常有意义的工作。钱三强曾荣任法国国家科研中心研究导师高职，荣获法兰西科学院嘉奖。1985年法国总统签署文件授予钱三强法兰西荣誉军团军官勋章，褒奖他在法国取得的成就和为中法友好做出的贡献。

1948年，他和夫人何泽慧放弃国外优越的工作条件和优厚待遇，毅然回国，决心为祖国科学事业献身。

钱三强是我国原子能科学事业的卓越开拓者和奠基人之一、我国发展核武器的人才推荐者和组织协调者。中华人民共和国成立后，钱三强参与组建中国科学院近代物理研究所（后改名为原子能研究所），1951年起任该所所长。他对事业执着追求，广招人才，甘为人梯，热心建设和培养队伍。在他的带领下，广大干部和科技人员团结一致，攻克了一个又一个难关。1958年，钱三强领导建成我国第一座重水反应堆和第一台回旋加速器。钱三强以精湛的科学知识、远见卓识和杰出的组织才能，为我国原子能事业的创建和发展发挥了重要作用，1999年被追授“两弹一星功勋奖章”。

钱三强是中国科学院学部委员，历任原子能研究所（现称中国原子能科学研究院）所长、二机部副部长、中国科学院副院长、中国科协副主席和名誉主席，七届全国政协常委等职。

1992年6月28日，钱三强在北京逝世，终年79岁。

郭永怀（1909年4月4日—1968年12月5日）
力学家 中国科学院院士

郭永怀，1909年出生于山东荣成县的一个贫寒农家，自幼便展现出坚韧不拔的品质。由于家境拮据，他10岁方得入学，却以超乎常人的勤奋与才智，在学业上屡创佳绩。17岁时，他以优异的成绩考入青岛大学附中，随后进入南开大学预科理工班深造，逐步踏上了科学探索的征途。在学术道路上，郭永怀始终保持着对知识的渴望与追求。1933年，他考入北京大学物理系，并在毕业后成为著名光学专家饶毓泰教授的得力助手与研究生。抗战期间，他随校南迁至昆明西南联大，继续深造。1939年，郭永怀凭借卓越的表现获得公费留学资格，前往加拿大多伦多大学深造，仅用半年时间便获得数学硕士学位，展现了他的非凡才华。

在国外求学与工作的岁月里，郭永怀不仅在学术上取得了举世瞩目的成就，更始终心系祖国。1945年，他在美国加州理工学院获得博士学位，并留校担任研究员。随后，在康奈尔大学担任副教授、教授，成为国际知名的科学家。然而，面对祖国的召唤，他毅然放弃了国外的高薪厚职，于1956年返回祖国，投身于新中国的科技建设事业中。

郭永怀回国后，迅速成为中国科学院力学研究所的常务副所长，并在中国科技大学担任化学物理系系主任。他不仅在科研领域屡建奇功，亲自参与并指导了我国第一颗原子弹、氢弹的研制工作，还在人造卫星设计、反潜核武器研究等多个领域做出了杰出贡献。爆轰实验是突破原子弹技术的关键技术之一，他亲自指挥爆轰试验，为我国核武器技术的发展奠定了坚实基础。1965年9月郭永怀受命参与“东方红”卫星本体及返回卫星回地研究的组织领导工作。从原子弹到氢弹装置，再到核航弹、导弹核武器的理论和实践中，郭永怀呕心沥血，都做出了巨大的贡献。

郭永怀是我国近代力学事业的开拓者和奠基人之一。倡导了我国的高超声速流、电磁流体力学、爆炸力学的研究，培养了优秀力学人才。在我国原子弹、氢弹的研制工作中，领导组织爆轰力学、高压物态方程、空气动力学、飞行力学、结构力学和武器环境实验科学等研究工作，解决了一系列重大问题，为创建和发展我国的核武器事业做出了重大贡献。

1968年12月5日，郭永怀从青海试验基地赴北京汇报，因飞机失事不幸遇难，时年59岁。当人们从机身残骸中找到郭永怀时，发现他的遗体同警卫员紧紧抱在一起。当烧焦的两具遗体被吃力地分开时，人们吃惊地发现掉出一个装着绝密文件的公文包来，竟完好无损。这表明在生命将尽的最后时刻，郭永怀考虑的是保护对国家有重要价值的文件资料。郭永怀的一生，是科学探索与无私奉献的完美结合。他生活简朴，一支钢笔从中学时代一直用到生命的最后一刻。在飞机失事的危急关头，他首先想到的是保护国家的重要文件资料，其爱国精神与科学态度令人万分敬佩。

1985年郭永怀获国家科技进步奖特等奖。1999年，郭永怀被授予“两弹一星功勋奖章”。2018年7月，国际小行星中心已正式向国际社会发布公告，编号为212796号的小行星被永久命名为“郭永怀星”，永载史册。他的爱国主义精神、科学求实的态度和无私奉献的高尚品德，将永远激励着后人不断前行。

彭桓武（1915年10月6日—2007年2月28日）
理论物理学家、中国科学院院士

彭桓武1915年出生于吉林省长春市，祖籍湖北省麻城县（今麻城市）王岗乡蔡家田垸。父亲早年留学日本，并加入了同盟会。父亲期望儿子将来肩负科学救国的重任。1931年，16岁的彭桓武考入清华大学，1935年清华大学物理系毕业，毕业后进入清华大学研究生院深造。日军侵华后，彭桓武来到云南昆明，受聘于云南大学执教。1938年彭桓武赴英国爱丁堡大学留学，从事固体物理、量子场论等理论研究，1940年获博士学位。1941年进入爱尔兰都柏林高等研究院，师从著名物理学家诺贝尔奖获得者薛定锷教授，开始了量子力学研究。1945年又获得爱丁堡大学科学博士学位。1945年彭桓武与N·玻恩共同获得英国爱丁堡皇家学会的麦克杜加耳–布列兹班奖。1947年，任都柏林高等研究院教授。彭桓武是第一个在英国取得物理学教授职称的中国人，1948年被选为爱尔兰皇家科学院院士。彭桓武在固体物理、介子物理和量子场理论方面都取得了出色成就。

彭桓武在国外10年，时刻不忘多灾多难的祖国，决心要用自己的科学知识报效祖国。彭桓武于1947年从英国回国，1949年北平解放后，回到母校清华大学任物理教授。后来调任中国科学院近代物理研究所任研究员、副所长，二机部第九研究所副所长，第九研究院副院长等职。1972年调任中国科学院高能物理研究所副所长。1978年任理论物理研究所所长。

彭桓武是我国理论物理和核武器事业的重要奠基人之一，在核武器初创时期，领导并参加原子弹、氢弹的原理突破和战略核武器的理论研究、设计工作，对我国原子弹和氢弹的研究和理论设计做出了重要贡献。在中子物理、辐射流体力学、凝聚态物理、爆轰物理等多学科领域取得了对实践有重要指导意义的一系列理论成果，并为我国核事业培养了一批优秀人才。

彭桓武1985年获国家科技进步奖特等奖，1995年获何梁何利基金科学与技术成就奖，1999年被授予“两弹一星”功勋奖章。

2007年2月28日，彭桓武在北京逝世，享年92岁。

程开甲（1918年8月3日—2018年11月17日）
核物理学家、中国科学院院士

程开甲于1918生于江苏吴江县（今为吴江市），1937年毕业于嘉兴秀州中学，1941年浙江大学物理系毕业，1946年赴英国爱丁堡大学留学，1948年获博士学位，任英国皇家化学工业研究所研究员。

程开甲1950年回国，历任浙江大学和南京大学副教授、教授，九院副院长，国防科工委核试验基地研究所副所长所长，基地副司令员、科技委常委、顾问，中国人民解放军总装备部科技委顾问等职。

程开甲是我国核武器试验事业的开创者和组织者之一。他不仅在组织和指挥方面发挥了重要作用，而且参与了许多关键技术研究，创立了我国自己的系统核爆炸及其效应理论。程开甲于1960年奉命调任参加原子弹研制工作，负责解决炸药引爆中压力聚焦问题，并参与了许多关键技术研究，如核试验总体设计、计算高压状态方程，核武器条件下的电磁波传播与分布。他对爆炸封闭安全技术、安全防护、电磁波和冲击波、抗干扰技术等关键问题的解决。程开甲开创了核爆炸的测试研究，对武器的研制及改进研究起到重要作用，创立了核爆炸效应研究领域，开创了抗辐射加固技术新领域并完成首次抗辐射加固试验，从而推动了核武器设计、改进和试验技术协调发展，为我国核武器事业做出了重大贡献，为我军的核武器应用奠定了基础。

程开甲领导创建了核武器试验研究所。从1963—1983年，他一直生活在罗布泊核试验基地，带出了一支高水平科技队伍。他成功地设计并主持了包括首次原子弹、氢弹、导弹核武器、平硐、竖井和增强原子弹在内的几十次核试验。他创立了我国自己的系统核爆炸及其效应理论。程开甲是我国指挥核试验次数最多的科学家，人们称他为“核司令”。

程开甲著有《固体物理学》《超导物理》《TFD模型和余氏理论对材料设计的应用》等教材和专著。

程开甲1980年当选为中国科学院学部委员。

程开甲1985年获国家科技进步奖特等奖，1999年被国家授予“两弹一星功勋奖章”，2014年获“国家最高科学技术奖”，2017年被授予“八一勋章”。

2018年3月27日，获得“世界因你而美丽——2017—2018影响世界华人盛典”“终身成就奖”。2019年2月18日获得“感动中国2018年度人物”荣誉。

2018年11月17日，程开甲在北京病逝，享年101岁。